鈣是生命的火焰
沒有鈣，就沒有生命
鈣是人體的總工程師

神奇的鈣

健康研究中心 — 主編

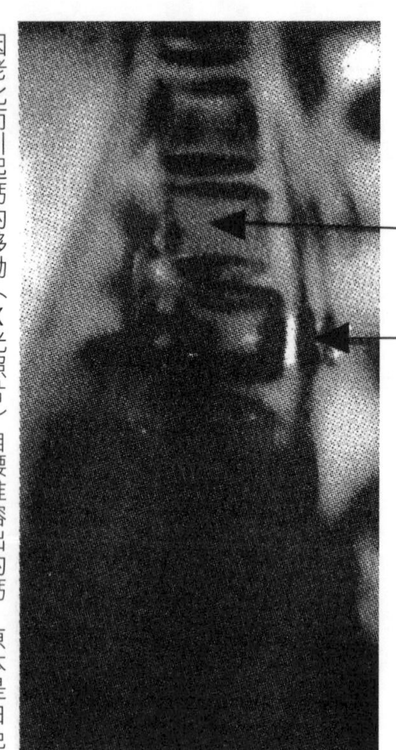

因老化而引起鈣的移動（X光照片）自腰椎溶出的鈣，原本是白色的骨已變黑。其右側並行的大動脈，原本應該不容易看清楚，但此時因為鈣沈積在該處，所以像骨一般色。

前言 Foreword

鈣是人體所不可或缺的營養素之一，一旦缺乏時，骨骼和牙齒就會變得很脆弱，這點相信是人盡皆知的。至於鈣在體內的作用及其重要性則絕不僅於此。因為它乃是維持生命不可或缺的角色，且無法用其他任何物質取代的。

如果沒有鈣，根本就不會有生命的產生。而且在血液中必須保持一定的濃度，如此心臟和腦才能維持正常的功能運作。人體由數十兆個細胞所組成，細胞內與細胞外的鈣保持萬分之一的濃度，根據鈣發出的信號，細胞於是產生分裂、活動、接收電流、發出電流等種種活動，如使者般的鈣在體內循環，使每一個細胞堅守工作崗位，所以說「鈣是生命的火焰」。

人類的身體，經由鈣才能保持健全，也才得以維持生命。但是由食物中攝取的鈣若不足，血液中的鈣濃度就會下降，為了補充正常需要量，身體會自動由骨骼及牙齒中析出鈣供使用，以保持血液中一定的鈣濃度。但是由於骨中的鈣濃度極高，即使只析出一點點，即會充斥在血管及腦中，因而造成該部位的病變。同時甲狀旁腺荷爾蒙，具有使鈣從細胞外進入細胞內的作用，所以細胞鈣會因而暴增，致使細胞內外鈣濃度失去平衡，遂引起各器官的障礙，這也正是生病的原因，鈣攝取不足反而導致體內鈣氾濫，這種反常現象即叫做「鈣的奇論」。這種奇論便是動脈硬化、心肌梗塞、老年癡呆……等種種疾病的肇因。

鈣在許多營養素中，其重性首屈一指，但是一般人卻有個錯誤的觀念，認為鈣攝取過多會產生結石或動脈硬化，事實上，僅有少數特異體質的人會因此而發生腎結石，一般人由於腸壁本身的調節作用，在缺鈣時，腸壁會盡力吸收鈣，但若攝取的鈣已夠多了，則腸壁便會有所選擇地吸收身體所需要的分量，多餘的部分則會排泄出去。所以，自口中進入的鈣，除了本身體質異常者外，完全沒有攝取過多時困擾。反而是鈣不足的時候，從牙齒及骨骼中溶化出來的鈣，會造成鈣的氾濫，嚴重地危害人體。在過去由於未能充分理解這種特性，所以才會造成很多對鈣的誤解！

Contents

Chapter 1

人體與鈣

生命的來源——鈣

鈣是生命之源

關於生命的起源至今仍是個謎，由生物學的角度看來，不過是由一些無機物，如氫、碳等，加上氮變成蛋白質，再製造出許多氣之後，組成細胞，在細胞外側形成了脂細胞膜，包圍著細胞，阻絕外界的干擾；而細胞本身又經過分裂，製造了許多很自己一樣的個體，由此形成了生命。

數十億年前，地球發生了重大變化，在不同的化學元素相互碰撞推擠之中，產生了前面所說的細胞；但是由今日我們對月球的觀察看來，滴水全無的月球並無任何生命跡象，由此可聯想生命誕生之初應與水有關。所以生命是產生於海中，此一說法流傳甚廣。

絕大部分的人都喜愛海的開放療闊，只要一看到大海心中自會生出一股平靜安寧之感，不知這種感覺是否即因為我們原本屬於大海？海中的魚和我們人類的結構有很大差異，進化結果也不同，絕對不會是我們的祖先。但是，一切生物的共同祖先，已由化石證實確是海中的單細胞生物，經由各種複雜因素，繁衍成今日的各種動物。

海水中含有大量的鹽和鈣，最初的單細胞生物，就是在這種充滿了鈣的環境中成長，漸漸發展出不同的形體和功用，所以若說「鈣是生命之源」，是所有生物不可或缺的元素，應不為過。

血液的成分接近海水

研究形成身體結構的元素，會發現與海水成分十分相近；單細胞生物一部分進化為陸地上的動物，離開了含有大量鈣的海水，一個個細胞如果沒有鈣，就無法繼續生存，所以將與海水類似的物質引進身體，使之在體內循環流動，以維持細胞的生命，這便是血液。自古以來人們皆相信血液是生命之源，但實際上鈣才是真正的主角。

圖一 生命由海中產生

表一〉地殼、海水、人體的各種元素組合之比較

（數值為原子數的百分比）

	地殼	海水	人體
氫 (H)	0.22	63.00	63.00
氦 (He)	—	—	—
矽 (Si)	28.00	—	—
氧 (O)	47.00	33.00	25.50
碳 (C)	0.19	0.0014	9.50
氮 (N)	—	—	1.40
鈣 (Ca)	3.50	0.006	0.31
磷 (P)	—	—	0.22
氯 (Ci)	—	0.33	0.03
硫黃 (S)	2.50	0.017	0.05
鈉 (Na)	2.50	0.28	0.03
鉀 (K)	2.50	0.006	0.06
鎂 (Mg)	4.50	0.033	0.01
鐵 (Fe)	4.50	—	—
鋁 (Al)	7.90	—	—

鈣不足身體將引起恐慌

血液中的鈣濃度會維持一定的值

那麼身體中的鈣，究竟有什麼作用呢？

骨中大量的鈣，有確保骨頭的硬度，以及支撐身體的作用，血液中定量的鈣，具有維持腦及心臟功能正常，及分泌荷爾蒙、凝固血液等作用。

當至液中的鈣濃度降低到標準值以下時，會引起四肢痙攣、腦筋遲鈍、煩躁不安、意識喪失、心臟功能失調、脈搏紊亂、無法供應身體的血液等等，嚴重時心跳甚至會停止，可見鈣離子濃度只要稍微失調，身體立刻會引起大恐慌，甚至危及生命，故不可不慎。

甲狀旁腺（副甲狀腺）可以自骨中溶出鈣質

食物中的鈣質不足時，血液中的鈣也會減少嗎？果真如此的話，那麼人類就不會像現在這麼多了。人體最奧妙之處便在於其本身這種「自動調節」的功能。

當血液中的鈣值一減少時，甲狀旁腺便會自動分泌，自骨中溶出鈣來補充血液中鈣的不足，使之保持一定濃度，但這種情況偶爾為之，應急尚可，但若過度依賴這種功能，則影響更甚於此，後文中還會詳述。

海中的魚類，在呼吸時海水會由鰓中大量湧入，因此不會發生鈣不足的情況，所以海中生物根本沒有甲狀旁腺；而上了陸地的兩棲動物卻常常缺鈣，所以需要甲狀旁腺來加以調節。甲狀旁腺位於甲狀腺旁，在鈣缺乏時會分泌荷爾蒙，是鈣的三種調整激素之一，必要時會從骨骼中溶出鈣來供應身體所需。

我們將鈣比喻為錢，骨骼便是存錢的金庫，甲狀旁腺如一個掌管家計的主婦，在錢快用完時，她便會從金庫中領一些錢出來，使生活不虞匱乏，否則家中便會發生經濟恐慌。

圖二 **陸上的生物為什麼要有甲狀旁腺？**

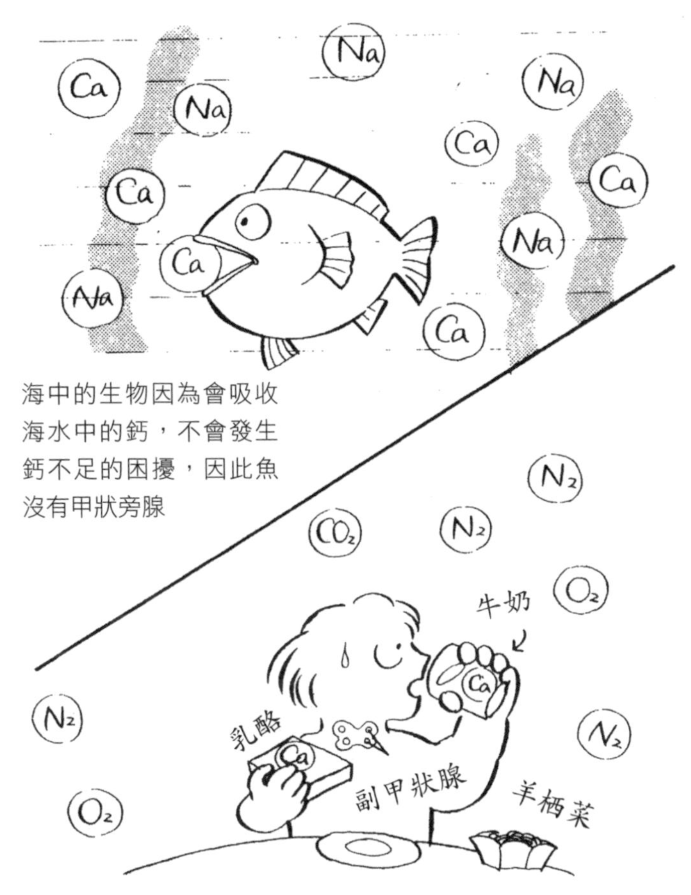

只能從食物中獲取鈣的陸上生物，因為鈣不足時必須由自身的骨骼中析取鈣，所以甲狀旁腺極為發達。

自骨骼中溶出多餘的鈣會成為破壞分子

如果家中沒有人賺錢，那麼即使金庫中有再多的錢也會用完；同理，常常自骨中溶出鈣，則會使骨質疏鬆，也會影響其他組織及細胞的健全，故對身體有很大的影響。

當血液缺鈣時，對身體而言是一種緊張狀態，所以甲狀旁腺在提取鈣時，常會有比需要量更多的鈣釋出，易言之，骨中鈣的總量為一公斤，亦即 100 萬毫克；血液總量以五公升計算，鈣不過占 250 毫克，僅相當於骨中鈣總值的 1/400，可見骨中的鈣只要釋出幾百分之一都超出很多。如此微量的鈣成分，卻與人類生命息息相關。

此道理和小孩子戲弄青蛙無異，對孩子而言不過是遊戲的一部分，但在青蛙來說卻是恐怖之至，攸關生命的大事。由這個例子可看出多餘的鈣，對人體有多麼大的傷害，它若能再度被骨骼所吸收，或是能被排泄出去均無大礙，但遺憾的是它常會進入血管、腦，或細胞中，這麼一來，便會危害人類的健康及生命。

圖三 甲狀旁腺可以說是自骨中提取鈣的提款卡

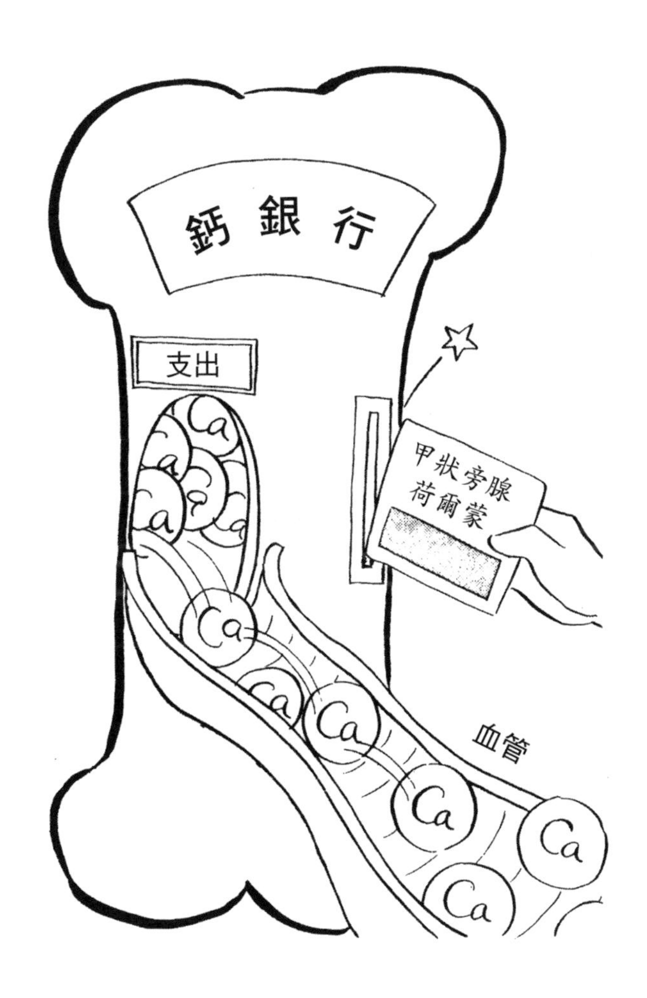

由口中進入身體的鈣再多也無害

在這裡要特別說明一點的是：吃進去的鈣和自骨中溶出的鈣不一樣，吃得再多也不會危害健康，因為食物中的鈣先被腸子所吸收。若體內的鈣已足夠，則多餘的就被排出體外。例如，我們一天所攝取的食物中，鈣含量最多只有 600 毫克左右，即使被吸收了三分之一，也不過 200 毫克，僅相當於骨中之鈣的 1/5000；嚴格說來，自嘴──食道──胃──小腸──大腸──肛門的消化系統算是「體外」，再多的鈣都會被腸壁吸收，故對人體並無影響。但只有一些情況例外，那就是腸子自動調節功能失常的人，這類人若攝取太多的鈣，會被身體直接吸收，導致危險。另外一種特例是，從靜脈注射的鈣，因為也是不經過消化系統直接進入人體，和從骨中溶出的鈣一樣，故有危害人體之虞。

關於鈣的各種說法

血液中的鈣不足時，甲狀旁腺便會分泌激素由骨中分解出鈣；而當血液中的鈣過量時，多餘的鈣便會充溢在各細胞之間，各細胞功能遂受到阻礙，進而成為各種疾病的導火線，例如，鈣積聚在血管中便會使血管壁增厚，引起動脈硬化及高血壓；若進入腦血管即成為老年癡呆症；而積存在心臟則引起心肌梗塞等等。

反之，如果平時能由食物中充分攝取人體所需要的鈣，則細胞會活潑地工作，血液保持正常的濃度，血管也厚薄適中不易產生病變，那麼存在骨頭中的鈣就能確實地保持著，骨骼強壯身體也健康，相當於家庭主婦的甲狀旁腺便用不著了，更不必擔心鈣溢出太多的麻煩。

「鈣不足時則會溢出身體」，這是醫學上常見的言論，乍看似乎是自相矛盾，但這也正是鈣和其他營養不同之處；在臨床實驗中，故意使一些心肌細胞造成缺鈣的狀態，然後再將它放在含有大量鈣的溶液中，結果鈣不斷湧入細胞，使其崩潰而死。可見不足或過量的鈣，都對人體有害。許多人都以為攝取太多的鈣，會引起內臟硬化或膽結石等症狀，但實際上卻正好相反。

鈣的功用

細胞若沒有鈣便不能生存

我們的身體大約有六兆個體細胞。

綜觀人體結構，可知有頭、腦、四肢百骸、內臟，但細胞卻看不見。所以，與其說「人由細胞組成」，不如說人是由內臟等器官所組成比較具體。但是由顯微鏡觀察便可得知，人體的每一處都佈滿了細胞。

例如，血液看似一灘紅色液體，實則有數億的紅、白血球、血小板等在血漿之中；肝臟亦是由肝細胞整齊排列如瓦片般而成的，其中有血液及膽汁在流動；腦也有約一四〇億的神經細胞群，在其間有連接神經細胞的神經膠細胞；神經細胞的特色是，有長長的神經纖維，突起部分叫「軸突」，也是細胞的一部分。

人體看似複雜，而實際上是一大群細胞的組合，其最基本的形態就是細胞如血球般浮細胞外液中。人體內的各個器官，都是由連結細胞的結合組織，以及其他的物質所組成的，其間還有血液和淋巴液等液體在流動。故人生病的時候，實際上就是細胞出了問題，反之，若細胞健康則人也健康。

細胞內與細胞外的鈣濃度，一定要維持在萬分之一

使每個細胞都保持健康需要什麼樣的環境呢？

細胞是由細胞膜所包圍，內外區隔明確，細胞膜的任務便是避免外面任何東西流入，或是裡面任何東西流出，一旦細胞膜偷懶，未達成此任務，則細胞便會立刻死亡。

細胞內與細胞外的種植物質濃度不同，例如，鈉在細胞外雖然很多，但不易進入細胞內；相反地，鉀和鎂在細胞內雖很多，但也同樣地無法輕易出來，這些物質的內外濃度差約在一倍至數十倍不等。

關於這一點，鈣可說是非常地特別，細胞外的血液中，經

常有定量（約 10 mg／dl）的鈣，但細胞內卻只有此濃度的萬分之一微量，亦即內外相差竟有一萬倍，這是其他物質所沒有的現象。

當細胞沒有活力或快死之時，細胞中的鈣會大量增加。舉例來說，若細胞內的鈣值在一至五之間，細胞外的鈣濃度通常不易改變，就算是一萬，則內外比例馬上下降為二千倍；若裡面是二〇，則下降為五百倍；也就是說，在細胞外的鈣儘量不讓它進入細胞內，細胞才會有活力，如果鈣不斷湧入，則細胞便立刻生病。當內外鈣值一致時，細胞會死亡，所以細胞膜的重要工作之一，便是防止超過需要量的鈣進入細胞內。當細胞的活動減弱時，細胞膜的力量也會衰弱，多餘的鈣便會進入細胞內，細胞的功用便會失常……如此惡性循環的結果，甚至會導致死亡。

甲狀旁腺荷爾蒙是鈣的通行證

細胞膜究竟如何把關，而不讓多餘的鈣進入呢？

細胞膜把要進入細胞內的鈣離子，一個個詳細數過，不讓多餘的進入，其中甲狀旁腺激素便是它們的通行證；細胞內外

圖四 **細胞內外的鈣比例，務必要準確**

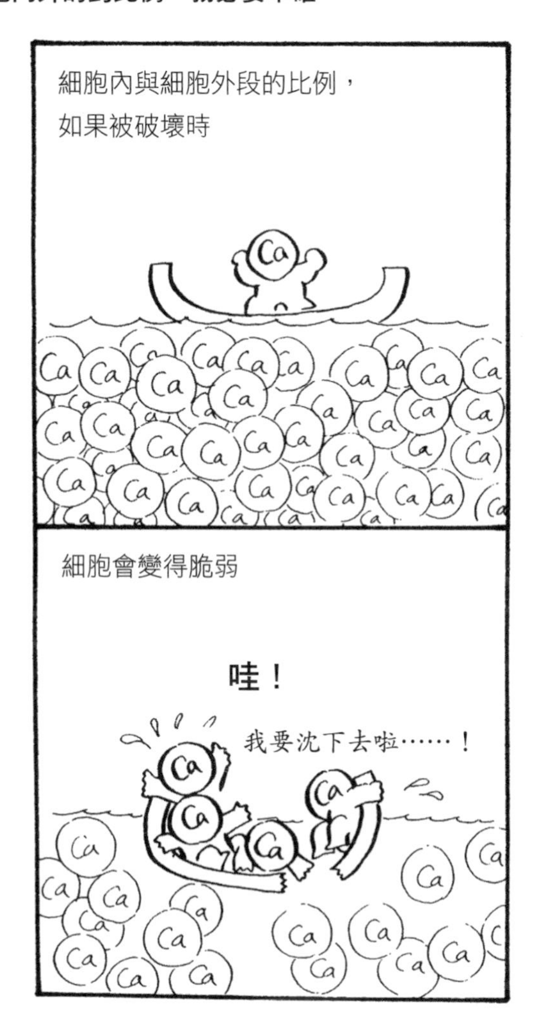

的電壓隨時都會改變，有電流時鈣才能會流入細胞內（神經興奮會引起電的活動）。

相反地，不需要的鈣則從細胞內排出，像幫浦抽出船艙中的水一樣，細胞膜始終在忙碌地工作者，如此才能保持內外差為一萬倍。

由食物中攝取的鈣不足時，血液中鈣濃度會下降，這種改變會刺激甲狀旁腺分泌激素，有了這種激素做通行證，細胞外的鈣離子才得以進入。

鈣是情報的傳遞者

通過細胞膜的鈣，對細胞內的物質而言，真是有如貴客光臨，因為它會帶來重要的生命訊息，但如果無法完成使命，就會被趕出去。細胞內好像一座旅館，竭誠歡迎鈣來住宿，還派一種叫做「線粒體」的顆粒體系做嚮導，它們載著很多鈣離子，不讓它溢到各處，只要有一點點溢出，鈣結合蛋白就一定會把它們一一找回來，送到目的地。

另一種鈣調節素是細胞中的鈣結合蛋白質，它也是鈣的嚮導之一，關於這點最近才普遍受到各界的重視。如果不是有這

圖五 為什麼細胞內外的鈣差別（萬分之一的濃度差）如此重要呢？

鈣的重要機能是傳遞訊息給細包內部。細胞內有定量以上的鈣時，外界的資訊就難以進入。

圖六 細胞有保持鈣在一定量的作用

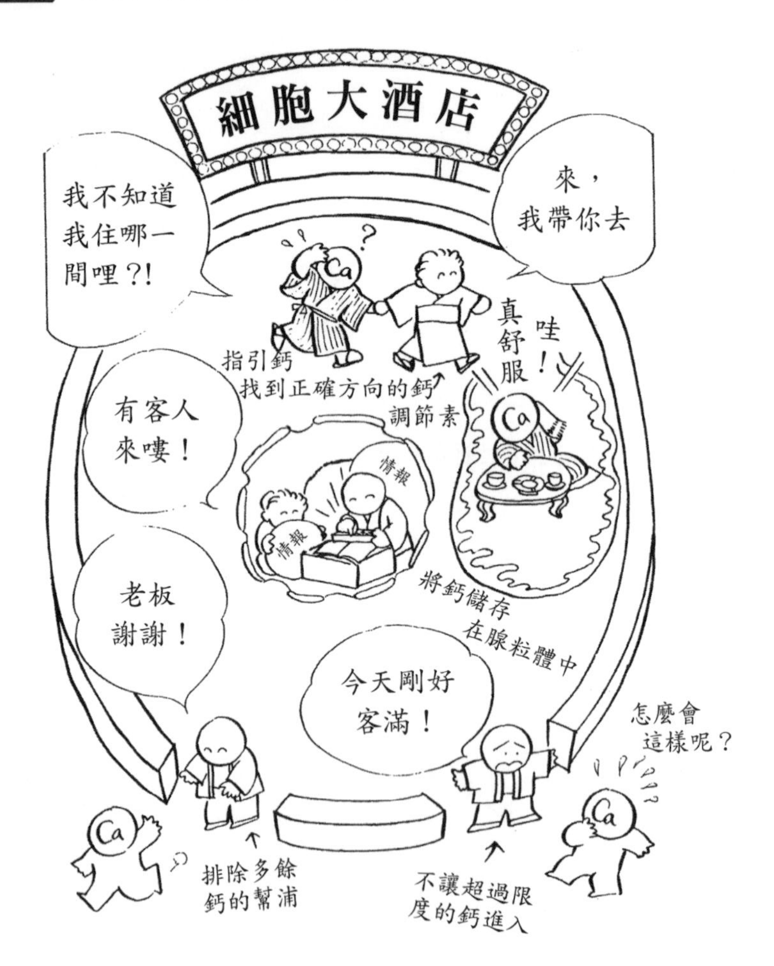

圖七　鈣的七種功用

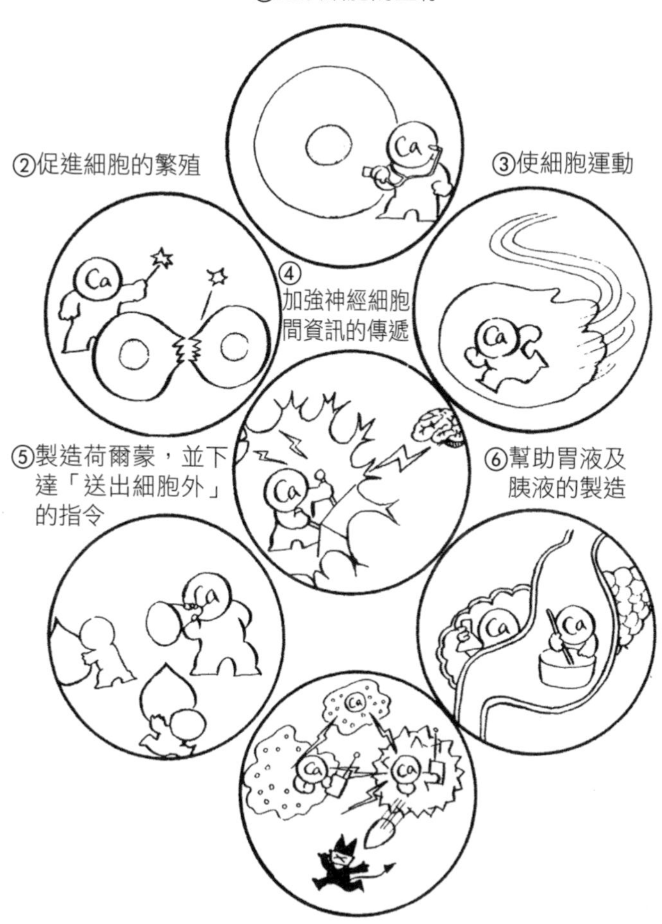
①延續細胞的生存
②促進細胞的繁殖
③使細胞運動
④加強神經細胞間資訊的傳遞
⑤製造荷爾蒙，並下達「送出細胞外」的指令
⑥幫助胃液及胰液的製造
⑦製造白血球與淋巴球之間的連絡物質
Ca

些巧妙的裝置，則細胞內外的鈣濃度絕對無法維持精密的萬分之一的比例，也無法保持細胞的形狀與功能，甚且生命將立刻受到威脅。

鈣對細胞的三種功能

(1) 保持細胞本身的生存

細胞分裂繁殖，數目漸增，與單細胞漸漸改變功能，都需要鈣的幫助。如血球嚙食細胞、吃細菌的細胞等，都要靠鈣的作用；鈣自細胞外進入，喚醒細胞開始工作，否則細胞便會一直維持睡眠狀態；眼睛感光細胞，也是因為光的刺激，使鈣進入細胞中，透過視神經將信號傳到大腦，大腦便通知身體得知有光。

(2) 神經細胞會傳遞情報或發出命令

鈣進入細胞中，會引起電流的現象，此謂之「神經的興奮」，也許有人認為這很平常，但透過薄薄的細胞膜，所產生的電流，若以建築物的牆壁厚度換算，竟會變成幾萬伏特的高壓，這真是不可思議。由鈣的活動而發出的電波，藉由佈滿全身的神經纖維，形成人體的情報網路，資訊的輸入一定要經由鈣的活動，才能傳到身體各部位。

(3) 充當內分泌腺的信差

內分泌腺分泌出荷爾蒙（激素）時，鈣必須經過血液，到器官中傳遞信息。例如，在進食時，血液中有糖分進入，大腦便發出命令立刻將糖轉變為能量並加以貯存，胰島素立刻會將糖分吸收進細胞中，轉變為其他物質。而要製造荷爾蒙必須先有鈣的訊號，至於分泌出的荷爾蒙，在細胞中處理後再運出細胞外，也必須仰賴鈣的作用。另外，如胰島素及其他激素功能之所以不佳，便是由於細胞內外的鈣值不平均之所致。

鈣能保持細胞的活躍

細胞像一座小型的工廠，除了製造荷爾蒙之外也會生產其他東西。為了消化食物，胃組織細胞要製造胃液；胰臟會製造胰液……等等，這些都要經由鈣的作用才能保持正常。

此外，一向被稱為免疫細胞的白血球及淋巴球，在有細菌或異物進入身體時，會迅速連結並逼近，發動抗體去攻擊破壞，而在其互相連結時，所必須倚靠的一種叫做辛度可因（cytokine）的物質，也是經由鈣的作用而完成。

如此看來，細胞個別的功能，以及互相連絡的網路，都不能缺少鈣，甚至老化、疾病、死亡等都可以用鈣的不平衡來說明。只要能在日常生活中，充分攝取鈣質，則細胞將更為健康活躍，人也將更蓬勃更有朝氣。

鈣調整激素

能調整體內鈣值平衡的三種激素

隨食物進入人體的鈣，經腸壁吸收後進入血液，為了做血液中的鈣濃度保持一定值，鈣調整激素必須謹慎戒備。甲狀旁腺激素、降鈣素（Calcitonin），以及活性型維他命 D，即三種鈣調整激素，與鈣有特別密切的關係，因為有了它們，血液中鈣的濃度才得以精密地保持著。

平時由食物中攝取的鈣，或是口服的鈣片都不會輕易改變血液中鈣的濃度，只有當甲狀旁腺激素分泌不正常時，才會立刻引起變化。

圖八 甲狀旁腺荷爾蒙的三種作用

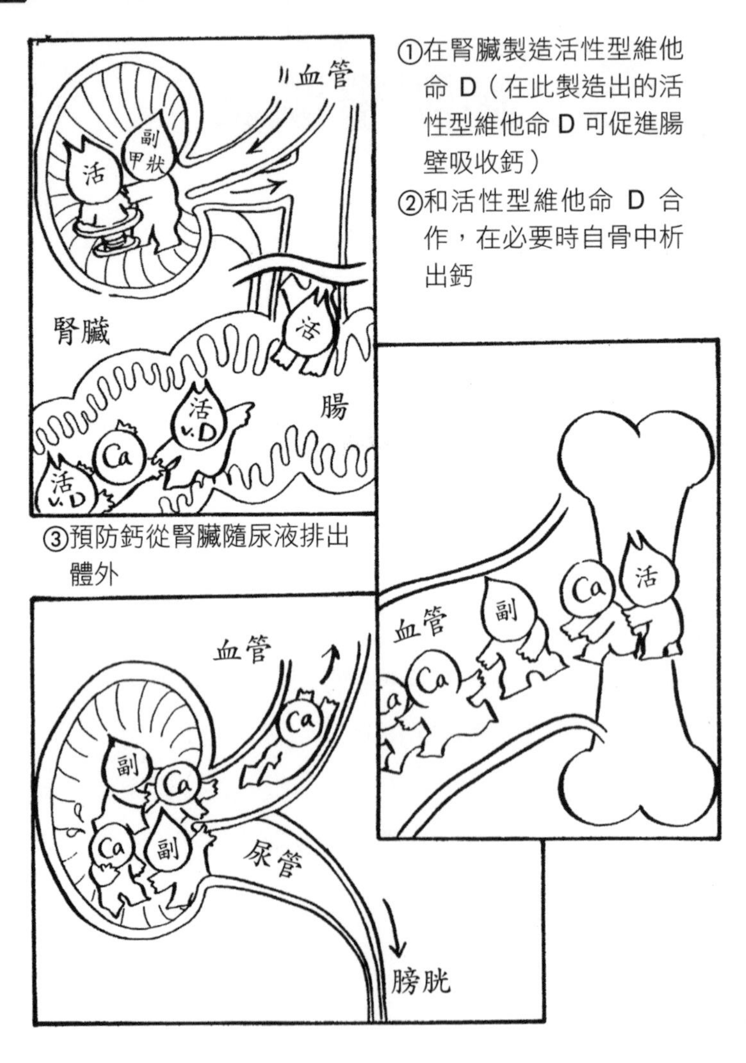

甲狀旁腺小兵立大功

甲狀旁腺很接近甲狀腺，上下左右四個如米粒大小的的內分泌腺，在一百多年前，人們還不知道這種小小的腺體，竟能如此精確地控制體內的鈣含量，擔負著如金庫守門人一樣的重責大任。

與甲狀腺相比，甲狀旁腺小得多，有人認為它是由甲狀腺分離出來的。首次發現它的是十九世紀中葉的歐文先生，他從大英博物館的一個被人遺忘的角落找到一缸標本，裡面全是以福馬林液浸泡的犀牛內臟，這是瑞典的桑多特雷姆先生所捐獻，並曾記載「甲狀旁腺是不同於甲狀腺的另一種分泌腺」，只是大家都忽略了。

本世紀以來，為了研究甲狀腺的功能，有人把狗的甲狀旁腺取出做實驗，沒想到一取出，狗就因痙攣而死，實驗即宣告失敗。後來終於有人想起桑多特雷姆先生所說的話，詳細研究後證實了甲狀旁腺的確存在，所以又做了一次實驗，這次只動手術取出甲狀腺，結果狗並未死，也未發生痙攣；如果只取出甲狀旁腺，而留下甲狀腺，狗卻立刻死亡。根據此實驗即可得知，對於生命的維持，甲狀旁腺的功能實際上遠大於甲狀腺。

取出甲狀旁腺立即會引起痙攣，是由於血液中的鈣濃度急遽降低，神經異常興奮，肌肉因而變得極容易收縮。此時，若由甲狀旁腺中取出荷爾蒙，立即注射在動物身上，即可看出血液中的鈣值又立刻上升了。

甲狀旁腺與維他命 D 的關係

甲狀旁腺激素可提高血液中鈣的濃度，有以下幾種情形：第一點前文已提過數次，就是在危急時可自骨骼中溶出鈣來應付身體所需。第二個作用是儘量不讓鈣隨尿液排出體外。第三個作用是在腎臟不斷製造活性型維他命 D，由此處形成的活性維他命 D 可促進腸壁對鈣的吸收能力。

以上三種作用藉由活性型維他命 D 的幫助，可以讓鈣在身體各處流動，不虞匱乏，甲狀旁腺荷爾蒙分泌愈多，則血液中的鈣濃度也愈高。

甲狀旁腺失調也會造成疾病，例如，原發性甲狀旁腺機能亢進症，病得愈重則血液中鈣濃度愈高；反之，甲狀旁腺官能不足症，亦即缺乏此種激素時，血液中的鈣濃度則會降低。

甲狀旁腺荷爾蒙和活性型維他命 D 關係很深，說起來還是製造維他命 D 的大本營，平時二者攜手努力，共同保持血液中一定的鈣濃度。

降鈣素負責將鈣存入骨骼中

有了這兩種荷爾蒙一起提高血液中的鈣，為什麼鈣濃度卻不會上升呢？這也正是人體的奧妙之處，因為有另一種鈣調整激素，也就是自甲狀腺分泌的降鈣素，會抑制甲狀旁腺分泌過多，以免鈣濃度太高，並且會將多餘的鈣存入骨骼中，以維持身體的正常運作。

從以上這些作用看來，棲息在海中的魚類，因為環境中鈣質豐富，所以並沒有甲狀旁腺，但是會從鰓後分泌出許多降鈣素，以免過多的鈣在體內流竄；而生活在陸地上的兩棲類動物，則會分泌許多甲狀旁腺激素，唯在缺乏鈣的時候，降鈣素並沒有現身的機會。

醫學界也開始使用自鮭魚、鰻魚等提煉出豐富的降鈣素做為藥物，在血中鈣濃度過高時加以有效控制，並可治療自骨骼中溶出鈣的骨質疏鬆症。當然，充分地由食物中攝取大量的鈣，或是直接服用鈣片，都可以使降鈣素分泌更為旺盛，與直接服用或注射降鈣素有相同的功用。

圖九 **甲狀旁腺荷爾蒙與降鈣素作用完全相反**

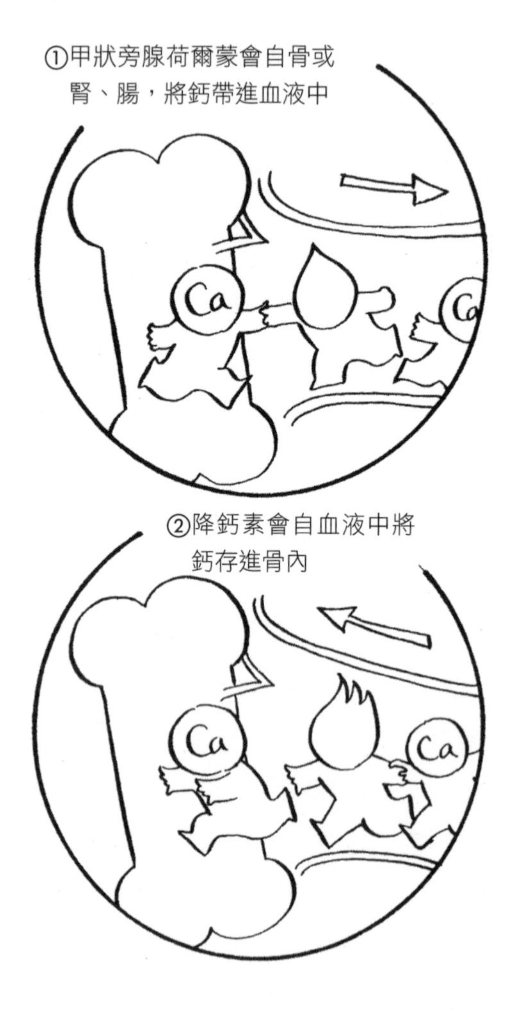

Chapter 2

人生與鈣

懷孕和鈣的關連

有充分的鈣才能完成受孕

生命的開始，是始於精子與卵子相逢的那一剎那，也就是受孕過程。

精子是一種會自行運動的小細胞，要與卵子這個靜止的大細胞結合，重要的大媒人就是鈣，經由鈣的催化，精子才得以成熟且變得活躍，鈣質不足的男性，其精子無法活潑地運動，也就不易使女性受孕。

精子的周圍，和其他細胞一樣，有一萬倍高濃度的鈣，正因此種極大的濃度差，細胞才會接受外來的信號開始活動。

但是如果鈣攝取不足的話，則精子的活動會變遲鈍，如此

圖十 受精體系與鈣

便無法去追求卵子，而且即使追到了，卵子也不會接受。

受孕過程是由負載萬分之一鈣的精子，進入卵子中，此時細胞內外如果沒有精確的比例，卵子便不能接受精子。

最不可思議的是，即使沒有精子，只要在卵子中注射等量的鈣，卵子也會形同受精，開始分裂，兼長為個體，此即所謂的「處女生殖」，除了染色體只有正常個體的一半外，其他皆與常態無異。

也就是說，鈣甚至可以取代精子完成受孕。這個發現雖有些驚世駭俗，但無異是生物界的一大突破。

可見，夫妻一方攝取鈣不足的話，精子與卵子都會變得遲鈍，容易產生不孕，或即使受孕也不能生出健康優秀的寶寶。

可怕的妊娠併發症也是由於鈣不足所引起的

好不容易盼到懷孕了，要平安度過十個月的懷孕期也是很不容易的。初期是有孕吐之苦，到中期有些會發生妊娠毒血症，或是腎功能失調（妊娠腎），更嚴重的會引起忽然會暈倒的癲癇症，可能導致高血壓、腎衰竭，或甚至喪命。

高血壓及心臟病往往會持續到生產後，甚而終其一生。

許多妊娠併發症，並非營養不足，而僅是由於沒有充分攝取鈣所引起的，這是醫學界最近的發現。為了形成胎兒的骨骼、牙齒，需要從母親處取得大量的鈣，如果母體本身攝取不足，就會從骨骼中取出來供應胎兒成長所需，而多餘的鈣便在母體內四處游走，最後積存在血管與腎，引起高血壓及腎功能失調等可怕的併發症。

所以，孕婦「務必要」攝取「充足的鈣」，以免害了孩子也害了自己。

胎兒的成長會搶走媽媽體內的鈣

古時候的人也知道在懷孕期要多吃富含鈣的食物，想當然耳，胎兒成長所需要的養分，除了靠母體攝取外，別無他法。一個 3500 公克重的嬰兒，骨頭中至少含有 50 公克以上的鈣，而且全是跟媽媽要來的。

正常人一天攝取鈣的總量為 0.6 公克，其中還有一半會由其他管道排出，並未吸收。所以母體為了要製造胎兒的骨骼，幾乎要在 180 天內將吃下去的鈣悉數交給胎兒，若沒有額外補充，則在六個月間母親所攝取的鈣值幾乎是零。這段時期相當於懷孕期的三分之二，換算為每天的鈣攝取量，至少要補充兩倍以上，收支才能平衡。

如果鈣攝取不足，則母親骨骼中的鈣會大量釋出，結果又會如何呢？

為了順利生產，必須維持骨盆的良好狀態

胎兒在子宮內順利成長，在分娩時子宮強力收縮，把胎兒和骨盤用力推出，此時骨盆如果不夠強健的話，就必定承受不住這種大力推擠。

確實保持骨質硬度，使骨盆不變形，以利胎兒順利通過產道，這也是鈣的重要功能之一，而在背後促進這個功能的就是雌激素（卵泡荷爾蒙），這種激素的作用是促進卵巢成熟，為受孕做準備，也有使懷孕期平安維持下去的任務。

另一個重要作用，是預防鈣從骨骼中釋出，在母體缺乏鈣的時候，雌激素會好好把關，避免因鈣質的減少而使骨盆變得脆弱。

圖十一 胎兒會自母體奪取鈣而成長

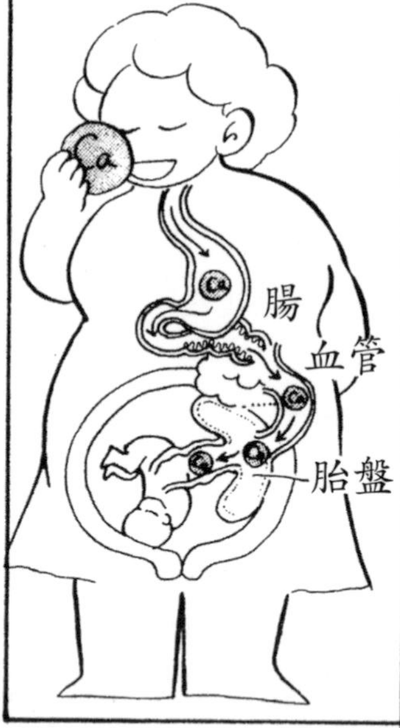

懷孕期內，如果不增加鈣的攝取，母親的骨中便會釋出許多的鈣

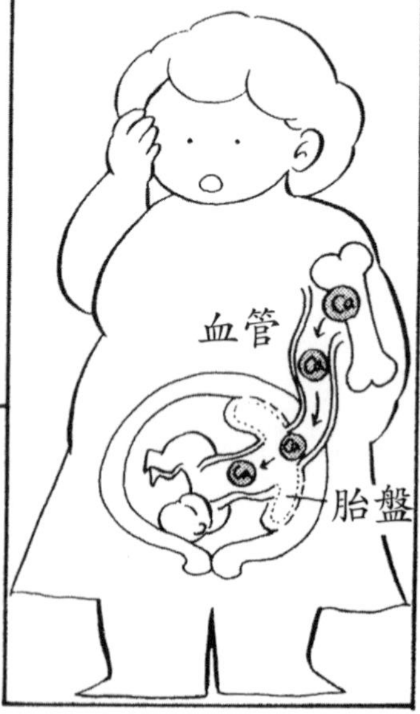

鈣不足時不會發生規律性的陣痛

陣痛是為了分娩出胎兒時，子宮發生的強烈收縮而引起的疼痛，倘若沒有陣痛便無法推出胎兒和胎盤。

子宮肌肉叫做平滑肌，和構成手腳的肌肉不同，無法以意志力控制，但收縮時的結構則是相同的。

鈣離子進入肌肉細胞後便會成為一種訊號，並下令子宮開始收縮，如此才能順利地產下新生命。

為了餵母乳及迅速恢復體力，要加倍補充鈣質

小嬰兒出生後，媽媽的下一個工作便是授乳。相形之下，母乳中的鈣成分，要比牛奶和嬰兒奶粉少，但是較容易吸收。體重較輕的早產兒，只需母乳可能無法得到充分的鈣，但是對一般嬰兒而言，還是母乳最好。

所以，為了能提供嬰兒及母體本身所需的營養，餵母乳的母親更需要比平時多攝取兩倍的鈣才能平衡。

圖十二 **陣痛與鈣**

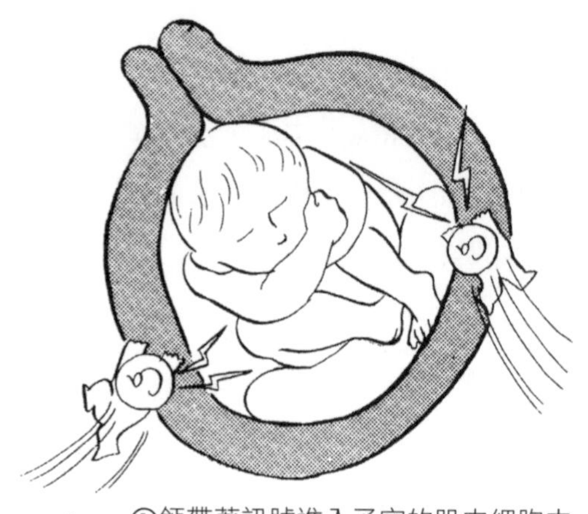

①鈣帶著訊號進入子宮的肌肉細胞中

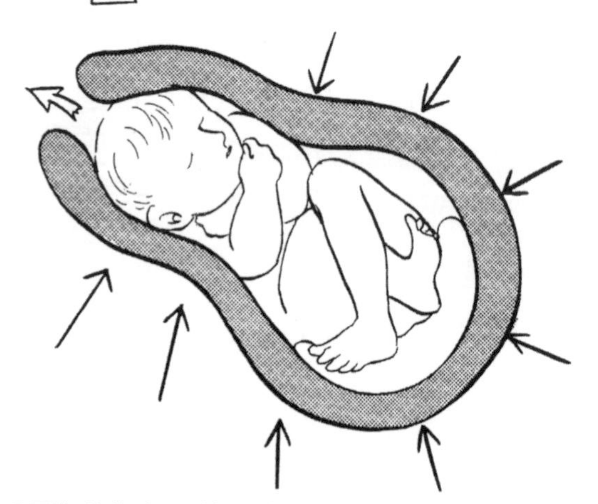

②因為此信號而引起子宮收縮，陣痛於此開始。

鈣與孩子的成長息息相關

❶ 鈣和身體發育的關係

攝取足夠的鈣使日本人平均身高大增

在過去的時代，由於日本人並不注重營養的均衡，在成長期最需要的鈣也普遍攝取不足，所以日本人的矮小是世界著名的，早期甚至有「倭人」之稱。

但在二次大戰後，日本不僅在各方面發奮圖強，對於國民的身體狀況也特別注意，在中小學充分供應牛奶、乳酪等富含鈣的食品，所以這一代的青年身高普遍增加，身體也更為強

圖十三 **身體的成長與鈣**

健。國民的身體健康，也是使國家進步的一大動力。

攝取足夠的鈣可以促進身體發育，這是不容忽視的事實，但是個子矮小尚有許多其他的因素，例如，骨骼異常、骨骼發育不全、缺乏成長激素及甲狀腺激素等等，這些就不是多吃鈣就能治好的。

不過，如果沒有鈣的催化，成長激素即使分泌再多，也無法正常運作。

此外，個子高矮多少也和遺傳有些關係，不是拚命吃鈣就可一蹴可幾或一概而論的。

孩子容易骨折是缺乏維他命 D 和鈣

在外科病房常常可以看到骨折的孩子，醫生說約比過去多了六倍！乍聽之下，不禁令人懷疑，現在的孩子營養普遍良好，鈣也不虞匱乏，為什麼身體反不如過去的孩子強壯呢？

原因在於生活品質的不健全，很多父母把孩子養在溫室裡，深怕太陽曬疼了，大風吹壞了。平時除了在學校教室上課，回家就是打電動、看卡通，再大一點的放了學還要去補習班，直到滿天星斗才能回家。如此不見天日的日子，即使吃得

圖十四 日光、運動以及充足的鈣，可以造就出身心健全的下一代

再好也不會健康。

因為如果紫外線吸收不足的話，維他命 D 也會不足，有礙腸的吸收，就算攝取再多維他命和鈣片，身體也無法利用。

平時缺乏運動，動作就會變得遲鈍，遇有危險時身體無法做出立即的反應，再加上鈣的不平衡，所以特別容易骨折。

所以，建議父母們，在假日時應多帶孩子出去曬曬太陽，即使只在附近公園跑跳一番也很有好處，否則一旦骨折，將會影響將來的運動能力，嚴重的甚至還會診斷日常生活的進行，故不可不慎！

運動與鈣

從影片中常見到太空人在無重力的太空艙裡飄浮，自由自在地移動身體，彷彿很有趣；但是以醫學觀點而言，無重力並非一件好事，時間持續過長的話，神經和肌肉會產生麻痺，肌肉一旦衰竭，骨骼的功能也將喪失。

所以，太空人必須時常自己活動手腳，或是用力拉住太空艙中的金屬槓來維持肌力。如此維持數十天尚可，若是到火星去要花上三年的時間，只靠自己偶爾的運動是不能保持健康

骨
骨
骨
骨
骨
骨
骨
骨
骨

的，而更遠的太空之旅則勢必先解決這個問題才可能實現。

常常運動的人，骨頭不斷吸收陽光（維生素 D 的來源）與鈣，所以非常健康，但在流汗時，也會隨汗水排出少量的鈣，故要記得隨時加以補充。在孩子的成長期中，如果無法充分運動及吸收鈣質，便無法維原強健的體魄和旺盛的生命力。

牙齒與鈣

牙齒和骨骼是人體儲藏鈣的重要部位，如果鈣的分量不足，則這兩個地方會變得鬆脆而易於折斷。例如，孕婦體中的鈣都供應胎兒生長所需，如果不充分補充，在產後，牙齒及骨骼會很明顯地變得脆弱。年紀愈大的人，吸收力也愈差，每天所攝取的養分無法完全被身體吸收，所以必須加倍地補充鈣才能保持健康。

此外，一些牙齒容易發生疾病的人，除了牙齒周圍組織異常、齒槽骨變化、牙周病及細菌感染之外，多數都與鈣的缺乏有很大關係，所以只要充分攝取鈣，不僅可以強化牙齒本身，對細菌的抵抗力也會加強。

罹患甲狀旁腺疾病的人，由於喪失了在必要時提取鈣，補充身體所需的功能，所以多半牙齒也很脆弱。

另外，像新幾內亞等落後地區的原住民，許多人由於營養不足而使牙齒容易鬆脫及疼痛，又不懂得將食物煮軟一點再吃，更無處治療齒疾，因而餓死的人很多。所以說，要充分攝取鈣以強化牙齒，這是攸關生命的大事，實在不容忽視。

吸收過多的蛋白質和磷也會破壞體內的鈣

食物中究竟要含有多少鈣才夠呢？關於這點營養學家眾說紛紜，莫衷一是。因為只是將注意力放在鈣上面是不夠的，食物中的其他成分，特別是蛋白質、磷、鈉和鈣之間有密切的關係。例如，我們每天雖然吃了足夠分量的鈣，但卻又攝取了過多的蛋白質，如此一來，蛋白質會將鈣分解後隨尿液排出體外，無法積存在身體內以供利用；鈉也會產生相同的作用，吃了太鹹的食物，也會將體內的鈣驅出體外。

這也就是為什麼需要營養師來設計均衡膳食的目的，並不是吃得多就一定身體好，吃得不當也算是「營養不良」呢！

說到鈣和磷的關係就更為複雜了，過多的磷會與鈣在腸內集聚，阻礙腸壁吸收鈣，反而造成了鈣不足的狀況。

圖十五 蛋白質與鈣的平衡十分重要

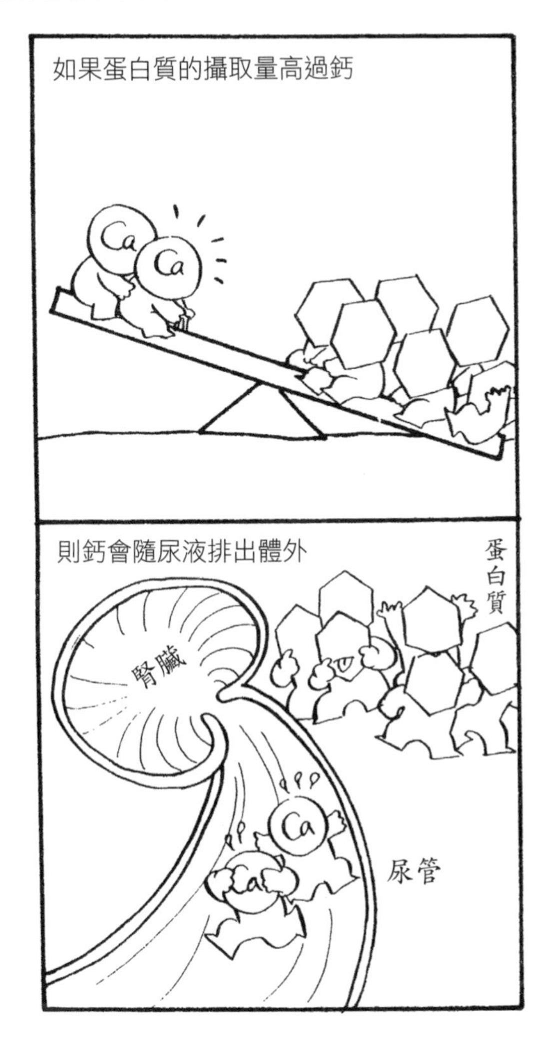

現在的兒童普遍吃得多又好，反而會缺鈣，又因為忙於課業缺乏運動，使骨骼變得脆弱，實在是文明進步的一大缺憾。希望家長多鼓勵孩子從事健康的運動，多曬曬太陽，最重要的是，要平均攝取定量的磷、蛋白質和鈣，有了健康的下一代，國家才會有前途。

❷ 腦部發育與鈣的關係

人體內部各個器官各司其職，其巧妙精確甚至連最現代化的機器都無可比擬。例如，胃和腸掌管食物的消化與吸收，肝負責人體的新陳代謝、腎則充當品管員，丟棄廢物及有害人體的成分……其中任何一部分出了差錯，都將大大影響到我們的生命。

而在這眾多功臣中，最重要、最複雜的要算是神經系統了，特別是腦，人類之所以有別於其他生物就在於腦部特別優異，自從人以雙腿站立行走以來，腦的發達一天勝過一天。

那麼，究竟腦和鈣又有什麼關連呢？

健全的腦來自充分的鈣

血液中鈣成分不足的人，除了容易引起肌肉痙攣外，在腦部神經中樞也會產生很大變化。我們把腦神經當作一部收音機或是電視機來說明——鈣，相當於傳入耳朵的訊息，在訊息不明確時，我們會將音量調高，以便收聽得更清楚，但是音量大相對地雜音也大，聲音反而不易安定與清晰。若訊息很明確，此時稍微降低音量，除去了雜音，反而聽得更為清楚。

也就是說，當鈣不足時，神經會變得很興奮，為了要努力接收外界訊息而活動得特別頻繁，人就會顯得焦躁不安；而鈣很充足時，神經系統就會很平靜，我們自然也就覺得舒適。原來，罵人「神經兮兮」也是其來有自的。

缺鈣的人心情煩躁，容易疑神疑鬼

前例所說的「雜音」是指什麼呢？

如果腦是一個收音機，神經網路就是它的天線，在缺鈣時對於種種細微的瑣事都能敏銳地接收到，此即為雜音。

有些人會有所謂的「被害妄想症」，常常認為別人只要在一起說話，必定是想對自己不利，整天緊緊張張、心緒不寧。有此現象的人除了精神異常外，許多只是因為缺鈣所造成的，鈣的缺乏使神經隨時處於亢奮狀態，一觸即發，性情不穩定，很難與旁人相處。相反地，血液中鈣濃度過高的人，神經作用變得遲緩，常想睡覺，同樣無法與他人有良好的互動關係。

由此可知，鈣的平衡和腦部、生理發育、人際關係都有密不可分的關係，故為了保持良好的身體狀況，及健康的心態，務必要維持體內一定的鈣濃度。

活性型維他命 D 也可以消除煩躁不安

血液中鈣濃度降低，不一定是因為食物中的鈣不足所引發，（因為不足時會自行由骨中提取），往往是因為甲狀旁腺荷爾蒙，或是活性型維他命 D 所造成的，而鈣濃度過高，也往往是這兩個部分出了問題。所以在心情異常不安時，除了補充鈣之外，也應請教醫生，是否要調整甲狀旁腺荷爾蒙的分泌，以及補充維他命 D 的攝取。

圖十六 血液中鈣濃度低時容易煩躁不安

❸ 缺鈣所引起的疾病

癲癇症也可能是一種低鈣的情況

癲癇是一種全身性的痙攣現象，除了意識喪失等嚴重情形外，亦有只限於精神現象不穩定的「小發作」，這種情況較不明顯，必須藉由腦波檢查才能測出。

癲癇的成因很複雜，有先天性的腦部異常、後天的腦部外傷、撞擊等等因素，甚至僅僅是低血鈣症，或是甲狀旁腺荷爾蒙的分泌失調等等，都可能引發腦部的異常電流通過，而造成癲癇。

一般而言，在幼兒時期就發生癲癇的人，泰半是先天性的腦部異常，此與家族遺傳及胚胎發育有關。在發作期最好能做一個簡單的血液測試，如果是因為低血鈣症而引起的癲癇，只要服用增加血液中鈣值的活性維他命 D，立刻就能改善症狀。長期受此疾所苦的人，也不妨做一下檢查，測定血液中的鈣濃度是否合乎標準。

許多人認為，經常做健康檢查反而有害健康，當然，無目的的盲目檢查並無必要，但是也有許多時候，經由微量的血液檢查就能提早控制致命的疾病，甚至有許多疾病僅僅是由於缺鈣而引起的，這時我們就不能輕忽健康檢查的功效了。

缺鈣常引起抽筋現象

孩子在發燒時常會引起痙攣現象，發作的劇烈程度有時連醫師都束手無策，更遑論做父母的顯得驚慌失措了。痙攣現象有隨年齡增長而自癒的，也有如癲癇般不斷發作，甚至影響智能發育或危及生命的例子。

在血液中鈣值不足，或是甲狀旁腺激素分泌不足時，通過神經的電流激增，使肌肉產生連續性的收縮，便會發生抽筋、痙攣或癲癇現象。

「疫痢」在二次大戰前，普遍危及日本乳兒的生命，這是因為患有赤痢（拉肚子）的孩童，在嚴重時會起引痙攣的現象；在大戰結束後，醫師懷疑是由於日本人鈣攝取不足而引起的，經過適量的補充鈣之後，此疾病已大量減少。

另外一種「鹼血症」則是血液會變成鹼性，使離子化的鈣銳減，導致呼吸急促，血中的二氧化碳減少，因而引發痙攣現象。

預防鈣不足，要充分的補充鈣和多做日光浴

如前所述，缺鈣會造成身體的種種疾病，輕則不適，重則致命，預防之道便是大量攝取鈣，以及多接受日光照射，使皮膚不斷製造活性型維他命 D，如此才能常保健康。

身體的衛兵——鈣

保護身體以防外敵入侵的免疫系統

我們在過著健康快樂的生活時，別忘了感謝造物者賜給我們良好的免疫系統，它們扮演著衛兵的角色，不斷地和想要入侵的細菌與異物作戰，使我們免於感染可怕的疾病，同時對於已罹患過的疾病也有免疫的作用。而在這過程中，鈣又擔任著指揮官的任務。

缺鈣會使免疫系統混亂

所謂「疫」是指天花、霍亂、傷寒等嚴重的傳染病，想辦

圖十七 鈣是全身的保鏢

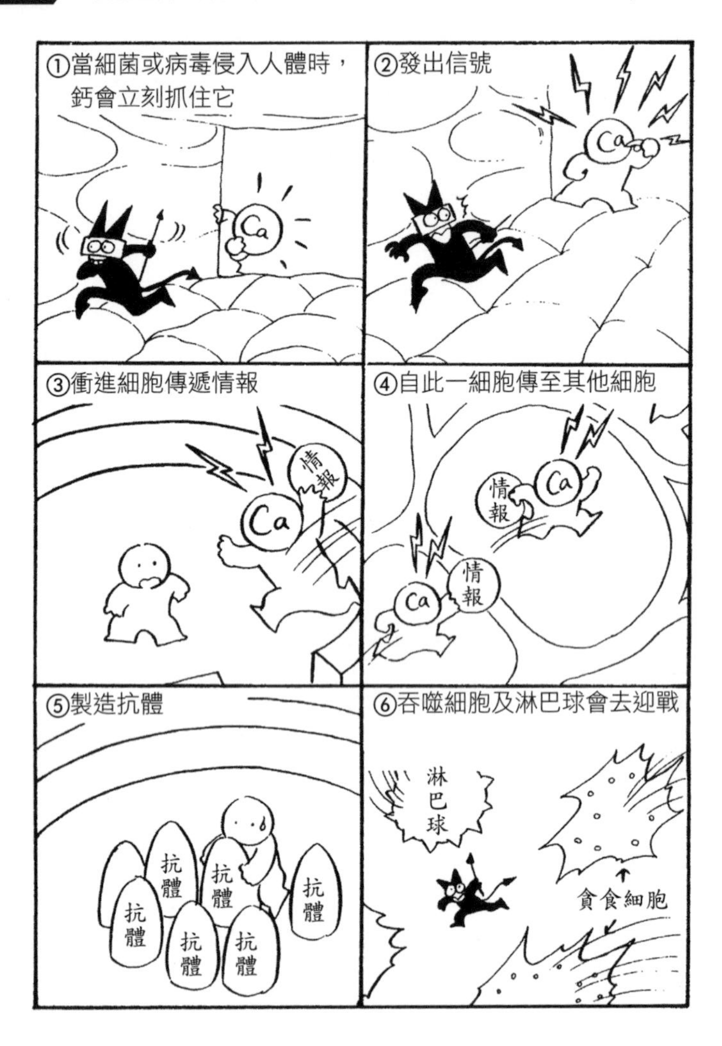

①當細菌或病毒侵入人體時，鈣會立刻抓住它
Ca
②發出信號
Ca
③衝進細胞傳遞情報
Ca
情報
④自此一細胞傳至其他細胞
Ca
情報
Ca
情報
⑤製造抗體
抗體
抗體
抗體
抗體
抗體
抗體
⑥吞噬細胞及淋巴球會去迎戰
淋巴球
貪食細胞

法免除這些疾病的傳染，就叫做「免疫」。例如，種牛痘可預防天花，卡介苗可防止肺結核等等，即稱為預防接種。

首度發現預防接種的好處的是金納博士，他注意到曾經患過天花而痊癒的人，便不會再受這種病毒的感染，所以便以自己的愛子做實驗，將天花病毒注射在人體中，雖然在局部會發生輕微的天花症狀，但此後就不會再感染。

金納博士實驗成功，證明他的構想是正確的，因而造福了後世子孫，其他疫苗也依此例相繼問世。而金納博士的勇氣與道德，也在醫學界傳為美談。

由此發現為契機，人類才明白了人體之中，有一處專門處理自外界進入身體的細菌和異物，亦即「免疫系統」。

當細菌和異物入侵時，白血球嚙食細胞會捕捉它們，並以自淋巴球分化而出的血漿細胞製造的抗體來殺死細菌，以免細菌在體內繁殖。

但是，在這過程中，首先發現有外敵入侵的是鈣，而且下令嚙食細胞和淋巴球細胞開始行動的也是鈣。

細胞彼此之間傳遞了消息後，就會產生抗體來對抗敵人，同時細胞本身也會變化成各種不同的形狀，而採取對抗細菌或病毒最完善的防禦措施。

在此重要時刻如果鈣攝取不夠，便不能有效地發揮傳達消息，和下達命令的重要任務。所以，鈣不足免疫系統功能便大大地減低作用。

「以血洗血」的自我免疫疾病

所謂「自我免疫」，是免疫系統錯亂，絕不是敵人的細胞當作敵人，大加撻伐，嚴重破壞自身的結構，是一種可怕的疾病，「過敏」便是一例。

會產生這種情況的原因，多半是由於遺傳性的免疫系統異常，將自身的一部分當做異物，而製造出許多抗體來打擊自己，而且根據統計，罹患這種疾病的女性要比男性還多。

這種現象經常發生在血管，或是結核組織，往往引起膠原病血管炎，且一發不可收拾。此時最要緊的是要迅速補充鈣，以免這種「以血洗血」的情況，一再蔓延。

活性型維他命 D 可調節免疫系統

當身體缺鈣時，自骨骼中溶出的鈣如果溢到其他各處，連抑止力最強的淋巴球也將喪失作用，此時便會引起過敏症狀，所以過敏也可以歸因於鈣的缺乏。

免疫系統十分複雜，雖然已知鈣在其中擔任重要的角色，尚不能囊括一切，最近醫學界也提出新的理論，認為活性型維他命 D，亦有調整免疫系統的作用，它能使小腸充分吸收食物中的鈣，除了提高鈣的利用價值之外，還可以準確地維持免疫細胞內外的鈣濃度差，對於免疫細胞彼此之間的連絡，以及作戰形態等等，也都有直接的影響。

能確保體內充分的鈣，以及活性型維他命 D，對過敏以及經常性的感冒都有助益，而活性型維他命 D 的最主要來源就是陽光，所以夏天要多曬太陽和運動，則到了秋冬季節交替之際，便比較不容易感冒。

鈣可以預防感染

免疫系統除了對前文所提的「自我免疫」之外，對於一般的感染，例如感冒、支氣管炎、細菌或病毒引起的疾病等等都可以充分發揮作用，但是，如果免疫系統本身即不強健的話，則即使服用再多的抗生素也無效，例如後天性免疫不全（愛滋病）患者，就是免疫系統完全喪失功能，一旦遭受細菌及病毒入侵時，便毫無抵抗的能力，此時即使給予再多特效藥，也不能有絲毫幫助。

年紀漸長時免疫系統會漸漸衰退，這是由於隨著年齡的增加，吸收力變得薄弱，鈣的吸收亦相對減少很多，不得已只好讓甲狀旁腺出面，從骨骼中提取鈣來使用，多餘的部分便在體內流竄，部分進入免疫細胞中，細胞內外的鈣濃度失去原有的平衡，免疫系統就大大降低了作用。

這也就是為什麼在年輕人很容易治好的肺炎或其他疾病，老年人卻可能因此致命的原因。所以，年紀大的人一定要格外注意鈣的攝取。

慢性關節炎與鈣的關係

一般人所稱的「關節症」是指發生於腰、肩、手指等關節處的肌肉疼痛，成因極為複雜，通常是因為肌腱或韌帶發炎而引起的疼痛。

另外一種稱為「痛風」的症狀，與代謝不良有關，因尿酸積存在關節處而使該處疼痛，也可算是風濕的一種。

但是現代醫學日益進步，種種疾病的分類愈來愈細微，醫生所稱的風濕是專指發生在孩子身上的風濕熱，以及女性常見的慢性關節風濕症。以上兩者是由於細菌侵犯結合組織的關節所引起，也包含在膠原病的六種疾病之內。（其餘四種分別是全身性紅斑狼瘡、皮膚筋炎、多發性動脈炎、硬皮症等。）

風濕熱是因溶血性連鎖狀球菌感染所引起，多發生於孩童，但是隨著細菌感染的機會減少，此病也會減少。

常發生於成年女性的慢性關節風濕症，是種相當麻煩的慢性病，其特徵是在早起時關節僵硬疼痛，漸漸遍及全身，甚至會引起關節變形，這是由於關節周圍的骨質脆弱所致，至於是不是因為缺鈣，而導致關節處的免疫細胞增加，產生大量活性物質，還有待研究證明。

罹患慢性風濕症的人，通常缺乏維他命 D，使得腸胃吸收鈣的能力減低，關節常感疼痛，又因此而降低食慾，或是減少了外出曬太陽的機會，維他命 D 更形缺乏，血中的鈣也隨之不足。由於如此不斷地惡性循環，所以很難痊癒。

要想中止這種惡性循環，惟有充分攝取鈣，並多多曬太陽以利維他命 D 的合成，如此不僅慢性風濕症可以得到改善，骨質疏鬆、風濕、關節不適都會好轉，醫學界並不乏此病例。

腎臟疾病是因為免疫系統異常而引起

腎臟炎多半是免疫系統結構異常所引起的，這是因為腎臟中的腎小球內，有一種「腎小球環間膜細胞」，這種細胞掌管調整血液流量的重要工作，它和血管的平滑肌結構一樣，當鈣進入時血管會自動收縮，妨礙血液的流動，同樣地，有鈣進入腎小球環間細胞膜時，它也會使血管收縮，使腎臟炎更為惡化。所以，只要能充分攝取鈣，就能阻止腎臟病的惡化，相對地如果缺鈣就會使病情更加嚴重，故不可不慎！

成人病與鈣

❶ 肩膀酸痛、頭痛和鈣的關係

血液循環不良會引起肌肉痙攣

肩膀酸痛是一種無法具體形容的症狀，卻是每個人都曾經有過的經驗。發作時會發現，疼痛位置的肌肉十分僵硬，這是因為肌肉的痙攣所引起的，有時是因為局部使用過度、姿勢不正確、過度疲勞或精神緊張等等，至於肌肉又為什麼會痙攣呢？我們這裏可以用一個簡單的實驗來說明。

首先用橡皮筋緊緊綁住手臂，過一會兒便會發現，即使像伸出手指這種簡單的動作也難以達成，這也是屬於肌肉痙攣的一種，當血液循環不好時就會發生。

血液不流通時，紅血球攜帶的氧便無法送到身體各處，細胞膜的防禦力量隨之減弱，使得大量的鈣乘機擠入細胞中，引起肌肉的強力收縮，於是便發生痙攣。

因缺乏鈣而引起的肩膀酸痛

另一個引起肌肉痙攣的原因，是血液中的鈣減少，此時甲狀旁腺從骨骼中提取出來的鈣，會充斥在身體各部位，聚集在肌肉處過多時，痙攣便會持續無法停止。這種「缺鈣時反而會導致鈣過多」的現象，一直被醫界視為一種奇論。

在運動過度時，使用肌肉不當也會發生乎腳抽筋的現象，稱為「手腳抽搐」。

另外值得注意的是，當血流中的鈣指數偏高時，肌肉反而無力，被認為是和痙攣完全相反的狀況。

血管的構造不像鐵管那麼堅硬，而是有如橡皮筋可伸縮而富彈性。血管壁內有肌肉，謂之平滑肌，此肌肉收縮時血管就變窄，一放鬆又變寬。它是一種不隨意肌，無法像手腳一樣可

圖十八 頭痛、肩膀酸痛與鈣的關係

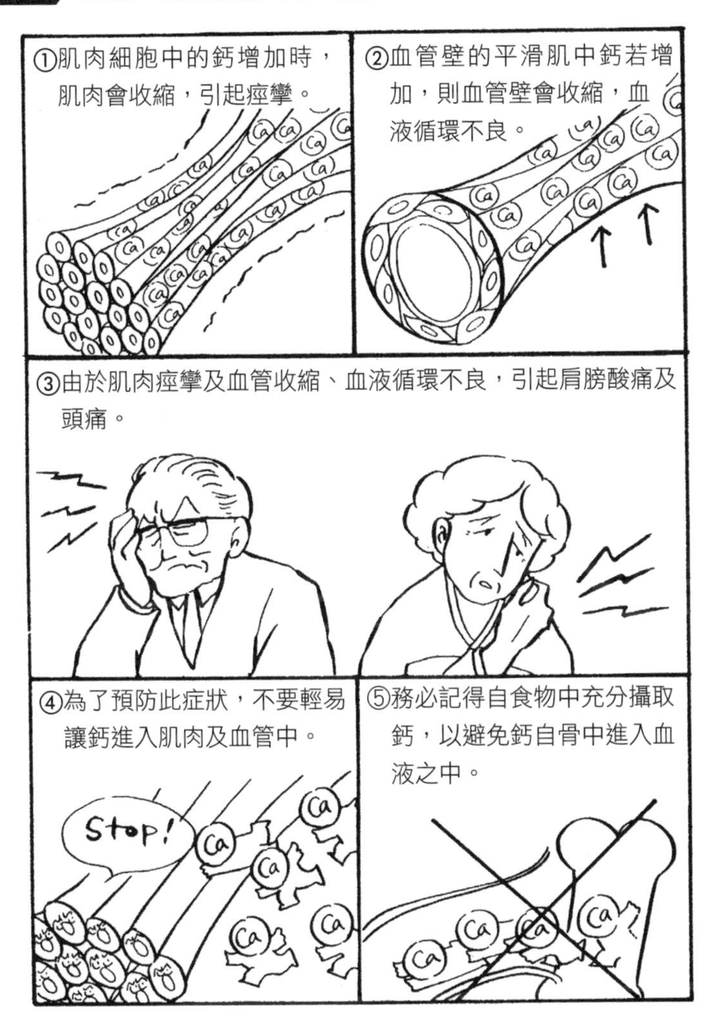

以隨意控制伸縮自如，完全倚靠自徑神經系統，依身體狀況需要而自動調整。當鈣進入血管時，平滑肌自動收縮，使血管變窄，引起血液循環不良而造成肩膀酸痛。

所以，當肩膀酸痛時，不論原因是血液循環不佳，或是肌肉本身痙攣，與鈣的缺乏都有密不可分的關係。

多補充鈣就可以治好腰酸背痛

很少聽到小孩子抱怨腰酸背痛的，即使玩得很疲倦也能很快恢復體力，這便是因為孩子的吸收能力好，同時活動力又強，所以不會產生血液循環不良的狀況。相反地，年紀愈大的人，吸收能力薄弱，又不常活動身體，所以常常發生腰酸背痛、肌肉僵硬的狀況，只要能充分地攝取鈣，並且經常做適當運動，不僅能促進血液循環，也可強化肌肉和骨骼，不輕易地釋出鈣，故能常保身體健康。

鈣不足時也會引起頭痛

頭痛實在是一種折磨人的症狀，在此撇開因腦部疾病而引

圖十九 肩膀酸痛的惡性循環

①自食物中攝取鈣不足時，鈣便會從骨中溶出，分布於血液，再進入血管及肌肉。肩膀酸痛便如以下的惡性循環所引起。

①鈣沈積於肌肉細胞中，肌肉會痙攣，便起引抽筋。

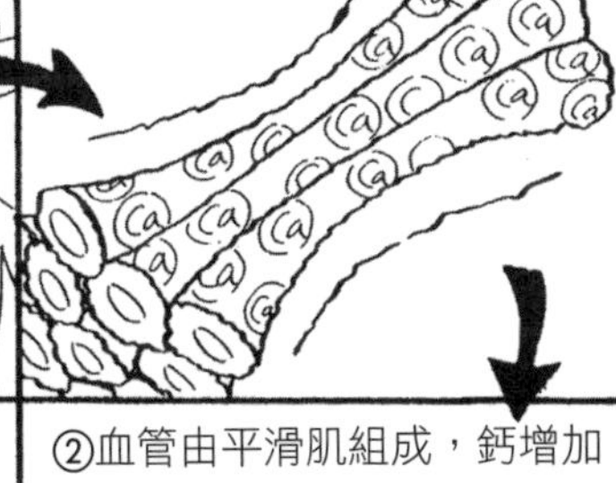

②血管由平滑肌組成，鈣增加時則血管強烈收縮，血流就會不順暢。

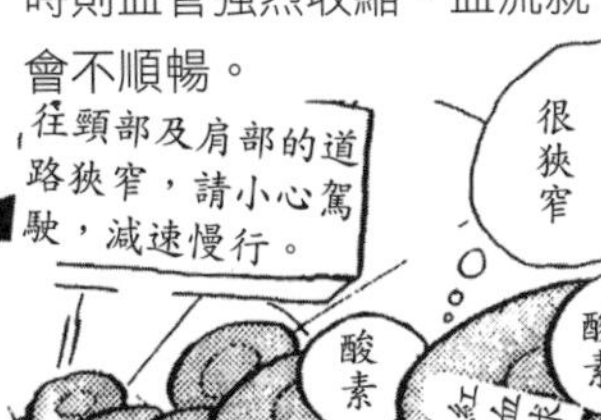

③血液循環不良，則氧氣的輸送也會不順暢，會引起細胞缺氧。

④缺氧時細胞膜變得脆弱，更無力抵抗鈣的闖入。

起的疼痛，例如，腦腫瘤、腦膜炎等暫且不談，較常見的是緊張性頭痛，在情緒緊張及疲倦時常會發生，且多發作於某一側，一般稱為偏頭痛，來得急也去得快。

偏頭痛在醫學上稱為血管性頭痛，原因是某一側的血管壁中有鈣溢入，使血管收縮，血液不能順利通過而積聚在該處，導致疼痛。

所以只要避免發生鈣不足的狀況，身體就不會自動提取鈣，造成多餘的部分到處游走而導致各種疾病。

❷ 糖尿病與鈣

糖尿病的關鍵……

胃病的人腸胃會疼痛，高血壓患者會引起頭暈及頭痛……但只有罹患糖尿病的人，除了容易疲倦及口渴之外，一般而言在罹患初期並沒有任何特殊症狀。但是，如果因此而忽視它可能就會鑄成大錯了。只要一罹患糖尿病，則不論大小血管都會產生變化，常見的有血管破裂、動脈硬化、末梢血管阻塞、腳尖潰爛、失明、腎衰竭、神經功能降低……等可怕症狀。

小孩及年輕人也有罹患糖尿病的病例，但是一般而言，隨著年齡的增加，罹患糖尿病的比率也會隨之上升。所以，糖尿病可以說是一種成人病或是老人病，和骨質疏鬆、動脈硬化、高血壓等相同，有時甚至不易與老化現象明顯區分。

糖尿病的成因是由於胰島素分泌不足，其中又包括了完全沒有胰島素、身體過胖使胰島素需要量增加，但胰臟來不及製造、胰島素作用不充分、體內有妨礙胰島素吸收的物質等等，不論何種原因，都是造成糖尿病的罪魁禍首。

近來醫學界研究發現，成人的糖尿病可能是由於分泌胰島素的 β 細胞之中，鈣大量增加，無法順利分泌出胰島素，但追根究柢還是由於缺鈣所引起。

食物在體內消化過程形成了葡萄糖，胰島素將其攝入細胞中，當做能源來供身體利用。所以，如果胰島素的作用不好，血液中葡萄糖的濃度就會提高。在檢驗時只要喝一大杯糖水，再驗血中的血糖值，就可以立刻知道是不是糖尿病，如果血糖過高，糖分會自然排入尿液中，所以有「糖尿病」之稱。

另一種特殊情形，是血糖值雖不高，但糖分會進入腎臟，這叫做腎性糖尿，雖然也會排出糖尿，但並不列為糖尿病的範圍，它往往不需治療就會自然痊癒，也沒有其他的併發症。所以嚴格說來，泛用糖尿病一詞並不確切，應改為「高血糖症」更為妥當。

血液中葡萄糖的利用不順利時，會影響膽固醇等脂質的變化，所以糖尿病患者常發生動脈硬化及高血壓等併發症，原因即在於此。

胰島素的分泌完全依照鈣的指示

為什麼胰島素分泌不足時，血糖就會上升呢？

身體中各種荷爾蒙由不同的細胞中分泌出來，胰島素是由胰臟內一個叫做胰島的組織，其中的 β 細胞所分泌，與其他所有荷爾蒙一樣，要有鈣的命令，它才會開始製造。

人體約由 60 兆個肉眼看不見的細胞所組成，每個細胞各司其職，有它特定的任務，完全達成使命才能確保身體健康。前面曾提過細胞外側有一萬倍於細胞內的鈣，這就好比細胞處於茫茫大海中，只要有一些海水湧入賴以維生的小船中，就要趕快把海水舀出去，否則就會沈沒的道理一樣。當血液中缺鈣的時候，身體儲存的鈣就會釋放出來，而多餘的就會湧入細胞內，好比船艙內的信號通訊等完全被破壞，就無法達成傳遞消息的任務了。

同理可知，分泌胰島素的 β 細胞，在血糖過高時，可由其他細胞內的鈣來測知，並且命令 β 細胞分泌胰島素，儘快紓解身體的需要。

鈣可強化胰島素分泌的訊號

老年人的糖尿病多半不是因為沒有胰島素，或是分泌不足所致，而是在需要時來不及分泌，因為要傳遞消失的鈣不足，無法及時地提供情報，所以經常服用鈣片，或是吸收可促進鈣質吸收的活性維他命 D，即可大大改善這種情況。

維他命 D 與胰島素的分泌亦有很大關連

和鈣有密切關係的活性型維他命 D，已經不是屬於營養素的範圍，而是早已成為體內的荷爾蒙之一，可以和甲狀旁腺一樣，在缺鈣時自動由體內提出鈣。

活性型維他命 D 是胰島素分泌的必要成分，美國諾曼教授在其所提出的研究報告中指出，餵食一些在飼料中完全不含維他命 D 的動物，牠們的胰島素分泌情形也很相像，但加入了維他命 D 之後立即恢復正常，因此維他命 D 被認為可促進鈣的吸收，並能確實命令身體分泌胰島素。當維他命 D 不足時，攝取再多的鈣也完成不了作用，連帶地所有內分泌也不平衡，所以會嚴重影響健康。

鈣可以中止身體的惡性循環

疾病往往是由於惡性循環而惡化，若是沒有這種惡性循環，一般而言，人體結構的巧妙足以應付一般異常狀況，即使某部分發生故障，身體也可以自動修復，但是如果一處發生了故障並因而引起連鎖反應，便不容易痊癒。

例如，沒有維他命 D 便無法製造胰島素，沒有胰島素也無法在腎臟製造維他命 D，也是惡性循環之一例。

糖尿病患因為缺鈣，骨質明顯變得脆弱，無法經常外出運動及曬太陽，皮膚便不能合成維他命 D，如此便影響了鈣的吸收，此即惡性循環的最佳例證。

❸ 高血壓與鈣

日本東北沿海居民罹患高血壓及腦中風的很多，其實大原因即缺鈣

高血壓是一種可怕的疾病，是腦中風和動脈硬化的最主要原因。血壓偏高會導致動脈硬化，而動脈硬化又會使高血壓更趨嚴重，假如能確實預防高血壓的發生，則國人平均壽命將可延長許多年。

高血壓的成因複雜且多樣化，除去遺傳因素之外，最大原因就是食物太鹹，攝取了過多的鈉，有礙鈣的吸收，使身體自動釋出的鈣積存在血管中，血管變細後就形成了高血壓。

在日本東北沿海的居民，長久以來都是以傳統的醃漬法保存食物，平均每天食物中所含的鈉，超過平均值 20 至 30 公克，所以這一帶的居民，罹患高血壓及腦中風的比例遠超過日本其他地方；但是同樣以醃漬食物為主的太平洋沿岸居民，卻鮮少有罹患此症的報導，這是因為太平洋沿岸陽光普照，皮膚有充分地接受日照的機會，所合成的維他命 D 能有效促進鈣

圖二十 高血壓與鈣

①食物中鈣的不足，或是日照不足，便無法製造維他命 D，自腸吸收鈣的能力也不好。
②自甲狀旁腺發出指令，將骨溶化，以補鈣之不足。
血管
副甲狀線
Ca
骨
③自骨中析出的鈣，無法掌握其數量，可能會進入血管細胞中。
④因鈣的增加使血管收縮變硬，通路變得狹窄。
⑤因血管狹窄，心臟要送出血液時較為吃力。
⑥結果血壓就上升了。

的吸收，而東北沿海卻陰冷潮濕，常年積雪，所攝取的鈣不但沒有維他命 D 來促進吸收，反而因為鈉的破壞，使僅存的鈣也隨尿液排出體外，所以也增加了腦中風及高血壓的病例。

骨骼中提出的鈣一進入血管壁中的平滑肌，該處立刻收縮使血壓上升

「高血壓」是如何形成的呢？

血管的構造和橡皮管、鉛管等大不相同，它會隨體內血液量的多寡，或是根據身體不同時期的需要來舒張或收縮，保持適當的血壓值。高血壓的產生，就是由於血管（特別是微血管）因收縮而變細，引起血管痙攣，就成形了高血壓，若是因壓力太大而使腦部血管爆裂，就可能造成腦中風甚至腦溢血，嚴重時還可能致命。

由腎上腺髓質分泌出的腎上腺素，或是正腎上腺素荷爾蒙，有收縮心臟血管以提高血壓的作用。血管壁內的平滑肌，會根據荷爾蒙及自律神經傳遞的訊息，按照身體的需要收縮血管壁，使通路變窄。如此因平滑肌收縮而引起的血管痙攣，在有鈣進入平滑肌細胞時會強烈發生，而腎上腺素正負有使鈣進

圖二十一 高血壓老鼠的實驗

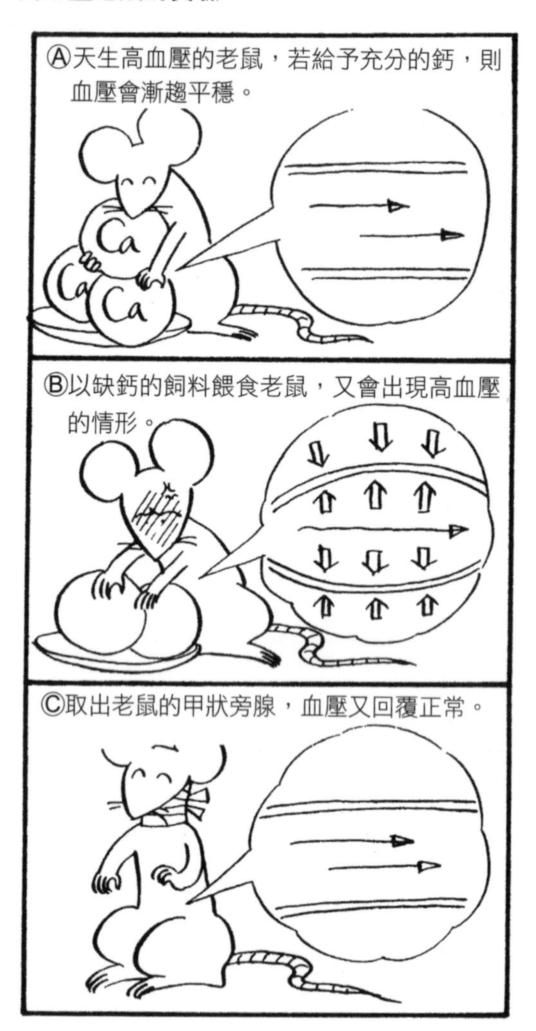

入細胞中的使命。

頭痛、肩膀酸痛也是因為鈣進入血管中，血管收縮所引起的，又因為全身性的血管收縮而產生高血壓，所以高血壓的患者也常伴隨著頭痛、肩膀酸痛等症狀，原因即在於此。

患有高血壓的老鼠，只要在食物中添加鈣便可以控制血壓

鈣和高血壓的關係密切，由前文中已可得知。學者以自然發生高血壓的老鼠做實驗，充分攝取鈣的老鼠，原本血壓會明顯上升的現象並未發生，但一減少鈣的攝取量，血壓就立刻上升。這種情況與人類與鈣不足而引起高血壓的情形完全相同。如果動手術取出高血壓老鼠的甲狀旁腺，則血壓也不會上升，由此即可證明，當體內缺乏鈣時，甲狀旁腺確實的自動提取鈣，而多餘的鈣就會積存在血管中產生病變。

鈉與鈣的交換行動

現在我們已瞭解鹽吃太多會引起高血壓的原因，是因為鈉

破壞了鈣的吸收，使多餘的鈣進入血管中所致。在細胞外面的鈣無法輕易進入，想進入時必須由守衛一再確認無誤後才能放行。細胞膜到處都有許多鈣進出的關卡，也有許多守衛把關，忠實地達成任務，確實保持內外差為萬分之一。

在細胞的城堡中，被允許和外界往來的另一條通路就是鈣和鈉的交換，如同人質的互換一樣，從細胞中取出鈉時，必須放同量的鈣進入，鈉並不像鈣一樣受到嚴密的監視，較容易進入，但若是細胞內進入了太多鈉，則細胞的作用也會降低，所以要讓鈉出去就得先讓鈣進入才行。

當細胞外有很多鈉時，會大量湧入細胞之中，在我們吃了太多鹹的東西或體內積存了鹽分的醛類脂醇，或是去氧皮質脂酮等礦質類脂醇的作用太強時，則心肌細胞中也會滲入鈉，細胞中充滿的鈉會與鈣交換，自細胞外滲入鈣。如此一來，血管壁肌肉就會發生收縮變窄的現象，使血壓上升。這種鈉和鈣的交換，雖不能在所有的細胞中一一加以證明，但其性質是早已受到醫學界的矚目的。

圖二十二 **鈉與鈣的交換**

①細胞中的鈣含量受到嚴格的控制，嚴守著內外為萬分之一的差異。但鈉並不如鈣如此被監視著。
歡迎光臨
客滿
歡迎鈉
鈣已客滿了
②如果細胞中鈉增多，細胞的功能也會降低。
好累啊
想個辦法吧！
歡迎鈉
鈉的出口
③會引起鈣交換鈉的現象。
鈣已客滿了
歡迎鈉
④鈉雖然減少了，但細胞內外的比例不同，也會破壞平衡。
好像不行了
鈣已客滿了

適量攝取鹽分，但鈣則要大量補充

關於高血壓的治療法，目前有許多不同派系的主張，例如多休息、不動怒、少吃鹽等等，另外也有許多有效的降血壓劑，對穩定血壓很有幫助。但是一些學者，如麥卡隆等人，對「減少食鹽的攝取可治療高血壓」這點卻大表懷疑。當然，攝取過多的鈉或是任何其他元素都不是好事，但若攝取不足，則可能會對身體構成別的威脅了。

很多人在減少食鹽（鈉）的同時，也失去了補充鈣的機會，所以一定要記得另外攝取多量的鈣，同時多曬曬太陽，使身體製造維他命 D，增加鈣的吸收，如此才真正有利於高血壓的控制。

從食物中補充鈣，和服用鈣頡頏劑的效果相同

有一種稱為「鈣頡頏劑」的藥物，就是針對鈣奇異的特性（亦即當至液缺乏鈣時，反而會由骨骼釋出大量的鈣，充斥於體內的現象）所製造而成的，它可以把細胞中供鈣出入的門鎖住，不讓鈣進入。由於鈣滲入血管，使血管壁增厚，血液無法

順利流過血管，是造成高血壓的重要原因，而服用了鈣頡頏劑之後，鈣就無法進入血管之中，故對治療高血壓非常有效。

攝取充分的鈣，和服用鈣頡頏劑，同樣可以預防高血壓，前者是因為體內有了足夠的鈣，就不需再由骨骼來釋出鈣而成為不良分子；而後者則是阻止這些壞分子進入血管，二者看似不同，但其實卻是同樣的功效。

鈣不論是蘊藏在食物中，或是被提煉製成藥劑服用，對人體都有益處；但是如果把鈣直接注射在血管內，卻可能致命，這真是一件匪夷所思的事。

另外，根據研究報導，鎂不足也可能造成鈣進入血管內的結果，所以也同時要注意鎂的攝取。

❹ 動脈硬化要心肌梗塞與鈣的關係

鈣積存在動脈中，會造成動脈硬化

「動脈硬化」照字面解釋，就是動脈由柔軟變得僵硬；動脈看起來好像一條橡皮管，壁內由平滑機構成，可依身體需要而伸縮，自由改變它的粗細，使血液量或多或少地通往身體各處。當管壁變得僵硬時，首先發生的情況就是無法再自由伸縮，接著而來的是管內通路愈來愈窄，血液難以通過。此時的血管壁變得硬而脆，若有強大的血液通過，則可能引起血管的破裂，使血液滲出。即使能止住血液滲出，此處也會因壓力而形成突起，稱為「動脈瘤」。

動脈硬化的成因很多，年紀大也是原因之一；如果能把變硬的動脈切開來研究，會發現裡面沈積了許多鈣，它使血管變得硬而窄，血流不順暢而凝結後，造成纖維質增加，減低平滑肌的作用，血管便無法自由地伸縮。而硬化到嚴重程度的動脈，甚至會像棒子一樣，一碰就會斷裂。

心肌梗塞不僅僅是因為膽固醇攝取過多

一提到高血壓，直覺的反應是「吃得太鹹」了，而談到動脈硬化、心肌梗塞等症狀，立刻會認為「吃得太好、膽固醇太高」。的確，膽固醇和自發性的動脈硬化有著深切的關係。

膽固醇受到矚目，是始自二次世界大戰結束之後，世人的營養水準普遍提高，醫學界也在此時發明了測量血液中膽固醇含量的方法。美國人的營養一向很好，食物不虞匱乏，加上運動量不足，肥胖的人很多，再加上工作壓力大，精神持續緊張，血清中膽固醇過高的人不在少數，其中更有許多人雖正值盛年，卻患有心肌梗塞的毛病。

「心肌梗塞」是一種冠狀動脈堵塞，導致心肌腐敗的症狀。冠狀動脈直接由大動脈分出，進入心臟部位，輸送血液給心臟，當此部分血管硬化時，血液便無法順利通過，它不像肝臟一樣，周圍佈滿了許多縱橫交錯如網的血管，即使一條阻塞了，其他的往往能立刻取代，所以我們很少聽到肝肌阻塞的情況，而大腦與心臟身為生命的主宰，為何卻只有一條動脈來輸送血液，真是令人費解。也許這正是它們重要的原因吧!

冠狀動脈只要有一條堵塞的話，賴其輸送血液的這部分心肌便會因為缺乏氧、葡萄糖及其他養分而漸漸枯竭壞死，纖維組織會造成硬痂，造成心肌梗塞。同樣的情況如果發生在腦部，則此一部分的腦也會腐敗，造成腦軟化症。

倘若冠狀動脈阻塞的部分在基部，則牽連範圍將更廣，心肌壞死的面積也會更大，患者往往因此而死亡，即使能醫治，心臟功能也會大幅減低，脈搏慢而無力。

血液中膽固醇過高的人，罹患心肌梗塞的機率也較高，但除此之外，血管中鈣質積存，使膽固醇容易附著於血管壁上，更是一個重要的原因。

從骨中溶出的鈣會吸引膽固醇進入血管

人體最不可思議的一點，就是的主動排斥不屬於自己的外來物。例如，打噴嚏和咳嗽都是為了排出異物，以保護身體器官的正常運作，這一點就好像大型油輪的區隔裝置，並不會因為一小處著火，就延燒到全船引起爆炸。

血管的防護壁稱為「內彈性板」，在內膜（接觸血液的部分）和中膜（血管的本身平滑肌部分）之間，可使血管富於彈性，同時也能阻擋有害於血管的成分進入。例如，膽固醇脂質等，當內彈性板功能健全時，即使有害物質很多，也不會進入血管壁之中。

但是，再堅固的堡壘也有因疏忽而失守的時候，試觀奧克拉荷馬所著的史詩《木馬屠城記》中，希臘大軍將特洛伊城團團圍住，猛烈攻擊達數年之久，而特洛伊城就在阿基里斯將軍指揮之下，也奮勇作戰保衛家園，使敵軍一無所獲。最後希臘軍想出一個詭計，製造了一個空心的大木馬，將士兵全部藏匿其中，再藉不及撤退為由留下木馬。夜晚當特洛伊人歡慶勝利，酒酣耳熱熟睡之際，木馬中的士兵潛伏而出，開了城門迎入大軍，一舉攻下城堡。

最新醫學指出，心肌梗塞不完全由於血栓所引起，許多病例顯示，並未發生血栓的心肌也有組織壞死的現象，甚至加入多量的鈣也會導致壞死，可見，心肌梗塞的成因確實很多。自古就有塞里耶和雷耳等人提出，心肌細胞內鈣的增加，以及電解質的不平衡都可能引起心肌壞死，此時如果取出甲狀旁腺，使鈣無法進入細胞中，則可大幅減少心臟壞死的現象。

由此看來，心肌梗塞及動脈硬化與鈣有直接關連，它就像躲在木馬中的士兵一樣，能從容地越過彈性板，招呼對人體有害的脂質進入血管，並附著其上，使管壁增厚。

鈣不足將引起動脈硬化

若要追究起來，引發動脈硬化的元兇應該是鈣，正因為它突破防線，使膽固醇超乎正常地運作，最後使血管鈣化而喪失功能。

有人曾測量血液中含鈣量的多寡，結果發現自五歲至十

圖二十三 血管的自衛體系

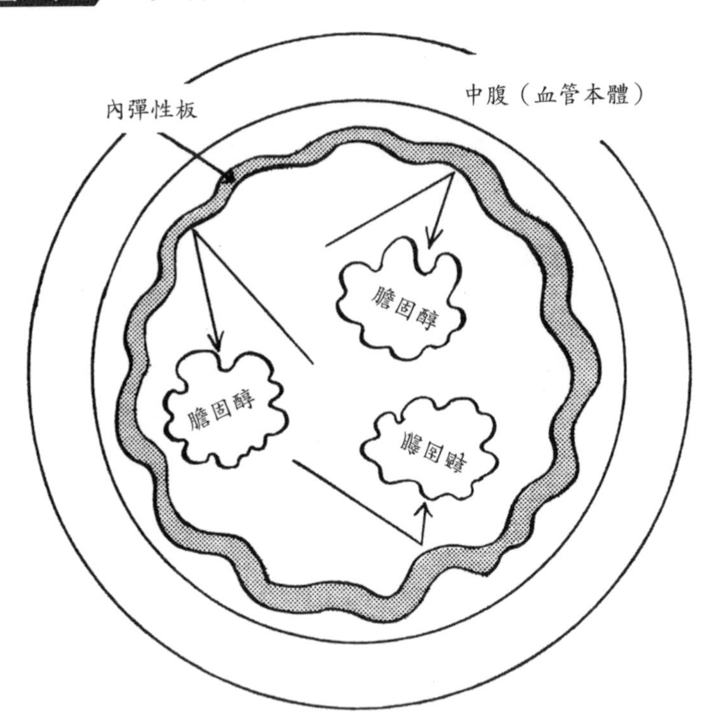

血管內側的內彈性板，好似一堵有彈性的圍籬一般，不讓血液中的膽固醇進入血管內部。

歲、二十歲……隨著年齡增長，血中的鈣質不斷增加，動脈硬化的趨勢也是如此，在兒童的身上幾乎找不出任何動脈硬化的跡象，當然膽固醇也完全不曾進入動脈壁。假如我們由體外就能測量出血管中的鈣值，對於預防動脈硬化將有莫大的助益，希望這一天能早日來臨。

形成血管內彈性板的主要成分是彈性素，亦即一種有彈性的纖維。血管中的鈣會隨年齡的增加而慢慢積存在壁上，此時的彈性板會像一塊老化的橡皮一樣，變硬、龜裂、失去彈性，經過血液不斷地流動與衝擊，彈性板容易受傷，防禦能力喪失，無法彈出膽固醇等物質，如此日積月累地附著累積就成了動脈硬化。

鈣能使血管保持彈性與活力

年華老去是任何人都無法避免的，即使外表裝扮得再年輕，但只要看看他血管中積存了多少鈣，就可瞭解他的年紀。

心臟的功能即使再好，只要冠狀脈動堵塞，心臟便完全不能發揮作用；腦的狀況雖佳，若是腦血管發生變化，也可能形同虛設。可見人的壽命長短並不只靠大腦、心臟、或是其他內

圖二十四 把膽固醇帶入血管的玩笑

臟的功能良好，而是看血管是否強健來決定，血管年輕有彈性，則身體狀況自然良好。隨時保持血液中充足的鈣，就不會有被身體釋出的鈣殘存於血管中的現象，血液常保暢通，也就能擁有健康的身體了，所以說鈣是常生不老的仙丹應不為過。

同時罹患動脈硬化與高血壓的人很多，這是因為二者互為因果。鈣積存在內彈性板上，使彈性板硬化，此時血流通過的力量一拉扯，血管壁就會受傷，彈性板也隨之破裂，再加上氧氣供給不足，便很容易造成動脈硬化，如此一來，自心臟輸送而出的血液也就不易流通，所以血壓也就隨之上升了。

整體而言，缺鈣會導致動脈硬化與高血壓，彼此會一直惡性循環，直至危害生命，所以千萬不可忽視鈣的補充。

鈣與貧血

鈣攝取不足時，甲狀旁腺就會分泌許多荷爾蒙，以利自骨中析出鈣，但是當這種鈣充斥在體內時，會引起貧血。這一點可以從腎臟病患者大部分有貧血得到印證，這些病患因為腎功能不健全，在此部位的維他命 D 合成不足，阻礙小腸對鈣的吸收，產生鈣不足的現象，因此而增加的甲狀腺荷爾蒙，將色

圖二十五 因為鈣不足而引起的動脈硬化

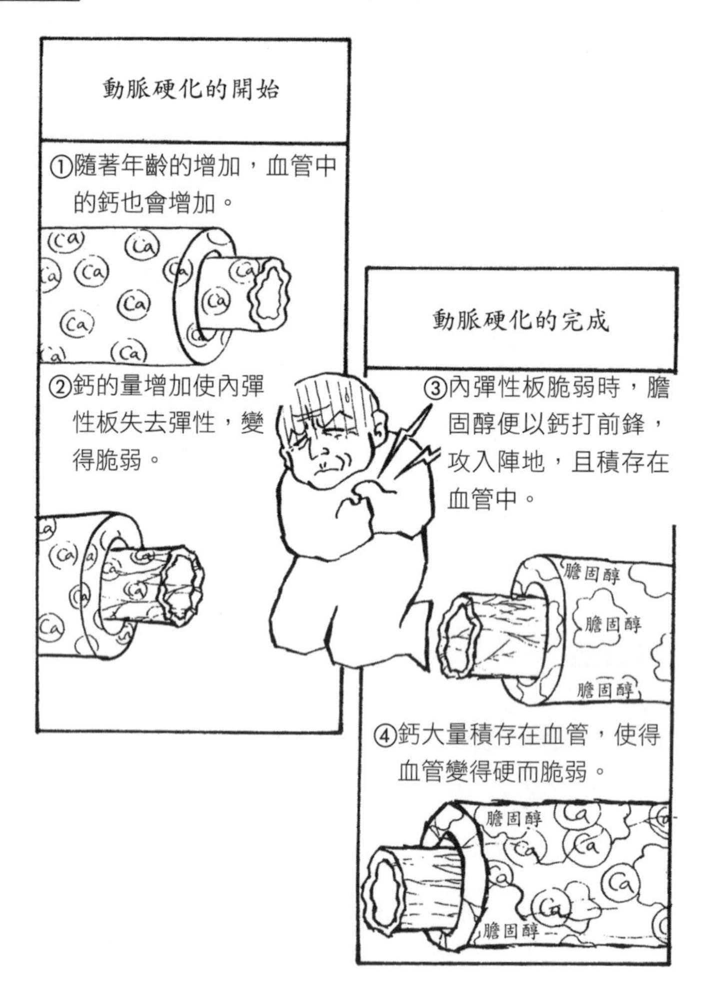

析出的鈣吸入紅血球中，使紅血球的細胞膜減少抵抗力，引起溶血現象，而導致貧血。補充活性維他命 D 及鈣，使甲狀旁腺的分泌量減少，貧血的現象就會好轉。老年人常發生的貧血，大部分即是由於缺鈣，當然缺鐵性的貧血也不少，但必須視其原因加以補充。

天然泉水富含鈣質

在歐洲各國隨處可見瓶裝的礦泉水出售，很少有生飲自來水的情況；歐洲當地的水屬於硬水，味道並不好，但是經常飲用這種水的居民，卻很少發現動脈硬化的病例，這是因為硬水在流經地下時，溶出了許多鈣，所以常飲用硬水的人，體內都含有豐富的鈣，骨質堅固，鈣也不會積存在血管中，引發各種疾病。至長期飲用軟水，由於缺乏鈣質，甲狀旁腺就會分泌荷爾蒙自骨中析出鈣，致使多餘的鈣沈積在血管及身體各部分，因而容易產生病變。

表二 歐洲與亞洲各種蔬果中所含有鈣質多寡之比較

食　　品	Asia（亞洲）	Europe（歐洲）
Turnip（大頭菜）	25.0	58.7
Cucumber（黃瓜）	19.0	22.8
Cabbage（高麗菜）	45.0	53.2
Potato（馬鈴薯）	5.0	7.7
Tomato（蕃茄）	3.0	13.3
Leek（韮菜）	40.0	62.7
Carrot（胡蘿蔔）	35.0	48.0
Fig（無花果）	29.0	34.2
Strawberry（草莓）	14.0	22.0
Cherry（櫻桃）	10.0	15.9
Plum（李子）	6.0	13.7
Peach（桃子）	3.0	4.8

❺ 肝病與鈣的關係

肝病的種類很多，較著名的有病毒引起的血清肝炎，此類型進一步更可能發生肝硬化、甚至肝癌；當喝酒的人，會因酒精刺激而發生肝炎；或者因為脂肪積聚在肝臟而造成脂肪肝；若是因為藥物或化學治療破壞肝臟細胞，則會形成藥物性肝炎等等。而這其中又以因吸收四氯化碳素（CCl_4）而造成的肝障礙，最為嚴重。

肝臟受傷時，鈣會滲入肝細胞內

當肝臟受損時，首先發生的情況是肝細胞之外的細胞膜防禦能力減弱，鈣便乘虛而入，數量太多時會導致肝細胞死亡，這便是所謂的「急性肝臟壞死」。由於目前使用人工肝臟的情形尚未普及，而且除非壞死的面積不大，肝細胞還有希望能再生復原，否則便可說是藥石罔效了。

當發生肝臟壞死時，肝細胞受到破壞，細胞內外的鈣濃度差就無法維持適當的萬分之一比例，病毒便可輕易攻入。不論是病毒性或酒精引起的肝炎，細胞免疫能力不足都是病情惡化的主要原因。當病毒攜帶大量的鈣進入肝細胞時，部分免疫系統異常活躍的人，會把這些細胞視為異類而大肆攻擊，甚至連正常的肝細胞也不能倖免於難，於是便發生了自我免疫的悲劇，這類患者通常與遺傳有關。

有的人罹患了病毒肝炎後，便不斷惡化，演變成肝硬化或肝癌，但也有人痊癒得很快，也沒有癒後不良的情況發生。當然這與病患的體質、生活方式、是否太勞累等都有關，但目前醫學研究的結果，遺傳因素仍佔了大多數，在同樣的階段之內，與酒精戕害肝細胞的程度是一樣的。因此，之後，正常的人免疫系統可以慢慢清除壞死的細胞，再生出健康的新細胞；但是免疫系統過度活躍的人，在掃除了病毒細胞之後，仍然不遺餘力地繼續攻擊健康的細胞，如此不但會破壞了肝臟其他部分，也會阻礙了細胞再生的機會，所以病情便不斷惡化。

鈣可預防肝病

在食物中充分攝取鈣，可以預防鈣流入細胞中，間接可以預防肝病。以免疫作用而言，鈣若不足時，細胞內外的鈣濃度減少，使免疫能力降低，則免疫細胞與健康細胞之間無法正常運作，如此便會引起自我免疫。

因此，為了不使肝病更惡化，務必要攝取充足的鈣。

❻ 肥胖與鈣

肥胖之根本是源於荷爾蒙分泌失調

過度肥胖會造成許多麻煩，往往為了貪口腹之慾而引發各種疾病。理想的體重是身高減一百零五，或是身高減一百再乘以零點九，如果超出此標準百分之三十以上，便可稱得上肥胖。肥胖的人多半是在體內積存了過多脂肪，和那些肌肉發達看似龐大的人完全不一樣。

肥胖的原因很多，有腎上腺皮質荷爾蒙分泌過多的顧盛氏症候群，以及甲狀腺荷爾蒙分泌不足的黏液水腫等都是因為荷爾蒙的分泌不平衡而引起的；另外支配食慾的視丘下部如果失調，則即使吃再多食物也不會有飽足感，這也會引起肥胖和糖尿病。

除了以上這些原因明確的肥胖之外，其餘都可稱為單純性肥胖，多為飲食不當所引起；也有部分是由於年紀漸增，特別是女性在停經以後漸趨肥胖，這一類也與荷爾蒙失調有關。

那麼肥胖和鈣有何關係呢？有一種稱為假性甲狀旁腺機能降低症，即甲狀旁腺荷爾蒙作用不充分，血液中的鈣濃度無法保持，引起肌肉痙攣甚至癲癇，這類病患多為肥胖體型。若將肥胖者的血清離子化鈣做檢測，會發現釋比同年齡的非肥胖者來得低，由此可知肥胖者的甲狀旁腺激素值較高，（因為鈣不足所以大量分泌甲狀腺激素）充分攝取足夠的鈣或許即可以平衡這種異常現象。

鈣充足時，血液中的鈣濃度值提高，便會分泌一種降鈣素，它可作用於大腦，使食慾減低。當鈣不足時，降鈣素的分泌也隨之銳減，食慾因而大增，即使吃再多也沒有飽足感，體重就自然增加了。特別是女性在年長時，這種情況更是明顯，同時在此階段，骨中會釋出大量的鈣，以彌補血液所需，所以骨質疏鬆症也會在此時出現。

鈣可以安定情緒，抑制異常食慾

維他命 D 和肥胖的關係也很密切。有一種天生容易肥胖，常罹患糖尿病的老鼠被醫學家拿來做實驗，他們發現只要給這些老鼠足夠的維他命 D，老鼠的食慾就會降低，體重明顯減輕，而且不只是改善了肥胖，連糖尿病也得以痊癒。

這種老鼠原本食慾很強，每天都不停地吃，但是在服用了維他命 D 之後，使腸吸收鈣的能力大增，血液中的鈣增加，連帶使降鈣素的分泌也隨之增加，食慾便因此而降低了。這種以鈣來抑制食慾的方法十分受到矚目。

一般而言，肥胖的人多半意志薄弱、情緒不穩定，明知不可吃太多卻無法停止。前幾章已經提過，當血液中鈣不足時，神經處於亢奮狀態，情緒不定且容易緊張，所以經常藉著食物來滿足自己，這類型的人必須要充分攝取鈣，使情緒容易掌握之後，就能建立自信，能夠自我控制。

服用鈣劑可使大腦容易有飽足感，不會暴飲暴食，如此自然也就不容易發胖。

鈣可妨礙脂肪吸收

鈣在腸內可以阻礙脂質的吸收，所以即使是食物中膽固醇含量太高，但只要能充分攝取鈣，膽固醇的吸收就會減少，而不致有礙健康。

肥胖，除了會導致糖尿病之外，也會引發其他種種成人病。例如，高血壓、動脈硬化、腦中風等等，所以最好避免暴飲暴食。但是許多人為了減肥，貿然採取絕食等作法，很可能會引起其他方面的障礙。因此，最正確的減肥法，應該是增加運動量，減少攝取高熱量的食物，並且補充鈣，持之以恆才能達到健康減肥的目的。

❼ 痔瘡與鈣

鈣可促進肛門周圍的血液循環

「痔瘡」發生的原因，不外是肛門的血液循環不良，或是因排便的壓力而引起出血的傷害。痔核是由靜脈內部壓力形成的靜脈瘤；裂痔是痔瘡黏膜表面破裂出血；在肛門容易淤血、便秘的人特別會發生痔瘡，常因局部發炎而引起其他感染，故較不容易治癒。

攝取足夠的鈣，可以使血液循環良好，並使血管的痙攣減低到最輕，發生痔瘡的機率就減少很多。此外，免疫系統雖然會隨年齡漸長而衰退，但只要能確保細胞內外鈣的差值，亦即充分地從飲食中補充鈣，即能增強免疫系統的抵抗力，使感染的部位早日痊癒。

總而言之，鈣可以減少發生痔瘡的機會，同時也可以加速它的癒合。

❽ 結石與鈣

攝取太多的鈣會引起結石嗎？

所謂「結石」是指體內長出像小石子般的物質，和礦物質及鈣當然脫不了關係。走在路上的郊外，到處都可以見到大大小小、各式各樣的石頭，誰也不以為意。但是如果是體內任何一個器官出現了一個小石子，即使只有米粒般大小，也會嚴重影響到我們的生活。例如，腎結石和尿管結石，會阻礙排尿時的流暢；膽管結石會影響膽汁流暢等等。結石的結構粗糙而尖銳，往往會傷害人體組織，引起細胞的感染，進而造成各種感染。

常見於人體的結石包括腎結石、膽結石、胰臟結石、唾液腺結石等，成分各有不同，雖同樣堅硬如石，但並非都由無機物所組成。尿酸和胱氨酸組合在一起，可能形成腎結石，膽結石中多半含有多量的膽固醇。但無論何種結石，其中多半含有鈣，所以許多人擔心，鈣攝取過多是否會造成結石呢？

腎結石的成因

首先我們來探討「腎結石」是如何形成的。

鈣在血液及尿液中都呈溶液狀態，但在某種條件下會形成肉眼可見的沈澱物，凝固成結石。凝成結石的條件如下：第一，尿液中鈣的濃度過高。第二，PH 值呈鹼性。

腎結石患者中，經過尿液化驗，的確有部分患者隨著尿液排出多量的鈣，但亦有許多是原本應屬於酸性的尿液，轉變為鹼性。鈣攝取過多並不會直接由尿液排出，腎臟病患者也未必是因為吃了大量的高鈣食物。

糞便是「身外之物」，而尿液則是體內的排泄物

一般人的觀念為：食物由口中進入食道後，就在「體內」的胃腸等器官消化，但實際上，胃腸仍算是「體外」，因為食物要真正進入「體內」被利用，應該由腸子吸收營養算起。

腸黏膜內有一個嚴密的關卡，不輕易吸收食物，對身體而言屬於必要的養分它才吸收，不必要的就排泄出去。所以有許多東西，看起來是吃進去了，但其實只僅僅是經過消化後就變成糞便排出體外。

自消化管吸收鈣的結構稱為「主動輸送」，亦即依據身體需要，由活性型維他命 D 及其他荷爾蒙來自由控制的部分。另一種是「被動輸送」，由濃度高的部位流往濃度低的部位。在鈣的吸收中，主動輸送扮演著很重要的角色，因此鈣和其他營養素不同，做不必擔心會攝取過多。主動輸送就好像一艘渡輪，來回運輸。渡船有一定的載重量，即使再心急，也不能超過載重量運輸，所以不用擔心鈣會攝取過多；與此相反的被動輸送，則類似水往低處流的道理，要輸送多少都可以。

圖二十六 主動輸送

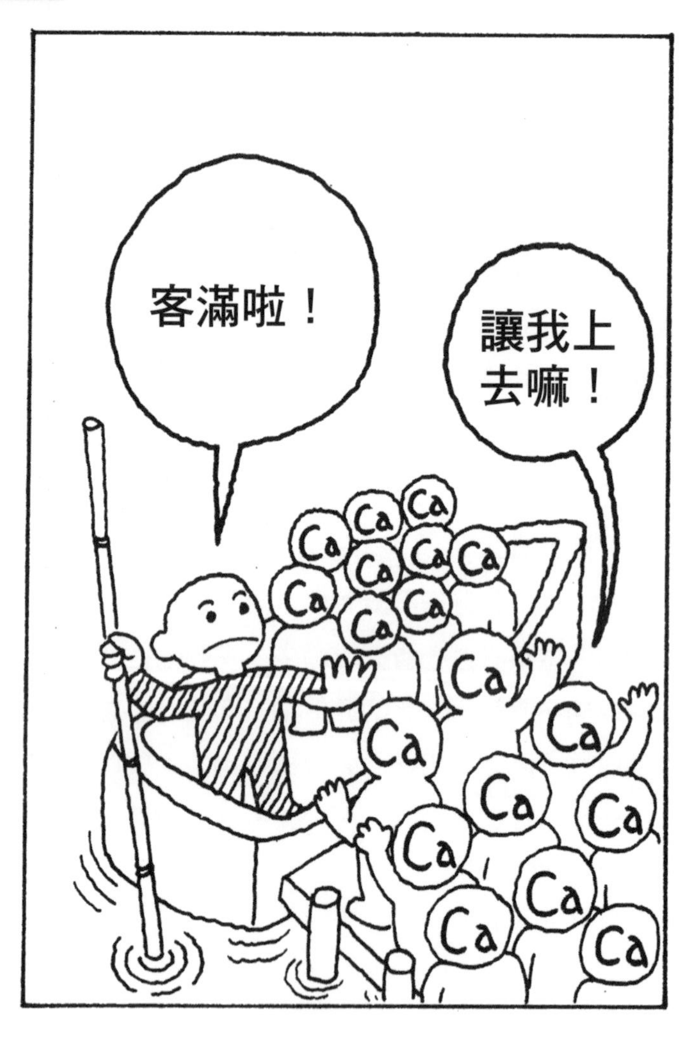

結石也是由於缺鈣所引起的

尿中含有許多鈣的例子有很多。例如，自骨中溶出許多鈣，就屬於骨吸收型的腎臟結石；骨好比鈣的銀行，甲狀旁腺則相當於鑰匙，如果沒有甲狀旁腺去開門，鈣也不會出來。有一種甲狀旁腺會不斷分泌的病症，稱做原發性甲狀旁腺機能亢進症，這種病會不斷提取骨內的鈣，即使補充再多也無用，而且會排洩在尿中，如此便引起腎結石。

當鈣攝取不足時，甲狀旁腺便會如臨大敵，急忙由骨骼提取。因此，此時的處理方法應該是立即服用鈣片，以減少甲狀旁腺的分泌。

如此一來，情況便不致惡化，尿中的鈣一減少，腎結石也會跟著減少。可是多吃鈣反而不易引起腎結石，這恐怕又是另一項鈣的「奇論」了。

鈣吸收特佳的人處於特異體質

某些腸胃功能特別好的人，對食物內所含的鈣極易吸收，此時鈣也容易進入血液或尿液中，稱為腸管吸收型腎結石，與大量服用維他命的人狀況相同。原本並未服用維他命 D，但腸為何不斷吸收鈣，原因令人費解，一般認為是因為其體內某處有強化維他命 D 作用的物質，這種體質的人（腸管吸收型腎結石患者，及大量服用維他命 D 者）若攝取大量的鈣，則尿液中的鈣會大增，便容易引起結石，所以這時最好能減少鈣的攝取。

需要減少鈣的攝取僅限於上述特殊體質的人，但引起腎結石的原因很多，必須做詳細的診斷，以確定屬於何種類型，絕不可貿然自己做決定。

另外一型稱為腎排泄型腎結石，就是原本正常的人，對於已排入尿中的鈣，可以由腎臟再吸收回去，但當腎的功能不健全時，便無法達成此一任務，對於鈣就在尿液中形成了結石。

服用 Thiazides 藥物可加強腎的功能，將尿液中的鈣充分吸收。這一類型的結石而前一類因攝取太多鈣導致結石又大不相同。

縱觀各種類型的結石，我們可以發現，因缺鈣而導致的結石，遠比多鈣而引起結石要來得多，所以「對症下藥」是絕對必要的。

⑨ 癌症與鈣

鈣信號的異常是否會造成癌細胞？

至今為止，癌是人類的大敵，不分男女老幼都可能遭受它的侵襲，但大抵而言仍以成人為多，且多發生於中年以後。癌的成因醫學界尚未完全瞭解，癌症與鈣之間的關係也還沒有定論，所以目前只能就已知的幾點與各位共同探討，或許可以從中有一些領悟。

鈣是生命的火焰，細胞的一切繁殖、分裂等進行都必須仰賴鈣的信號才能行動，沒有了鈣的催化，一切都會停止進行。

癌就是細胞的行動突然失去常規，開始異常地分裂，並且不斷繁殖直至危害身體正常的運作。所以，我們很自然地會聯想到這一切與鈣的信號異常應該有所關連。

鈣不足容易引起癌症

大家都已經知道，鈣不足的時候，甲狀旁腺會分泌荷爾蒙，自動提出骨中的鈣供應身體需要；但是如果不斷地重複這種過程也是一種病態，稱做「原發性甲狀腺機能亢進症」，骨骼會變得鬆散脆弱，血液中的鈣也會大量增加。

以一百名罹患原發或甲狀腺機能亢進症的患者，和一百名健康的人做比較，結果令人驚訝的是，前者身體各部位，例如甲狀腺、膽囊、胃、乳腺等處，發生癌細胞的機率，明顯地比健康的人要高出許多。

甲狀旁腺監守自盜，自行提取許多鈣，使細胞中充滿了鈣之後，自行進行分裂繁殖，形成有利於癌細胞生長的環境，也加速了癌的生長。

年紀愈大愈容易罹患癌症，這一點只要由缺鈣的方面去聯想便很容易能了解。因腎功能不佳而經常要洗腎的人，也很容易罹患癌症，這也是由於製造活性型維他命 D 的功能已喪失殆盡，血液中的鈣大量減少，甲狀旁腺荷爾蒙的分泌旺盛，鈣便不斷進入細胞之中。

有趣的是，常喝含有豐富鈣質的牛奶，其癌症罹患率比不喝牛奶的人要低得多，特別是胃癌。尤其是西方人，平時大量飲用牛奶，與東方人相比，很少有罹患胃癌的情況發生。此外，能多曬太陽，充分吸收維他命 D，使鈣的吸收良好的人，也比維他命 D 攝取不足者，罹患直腸癌的機率小得多，此類報告比比皆是。

由此可見，攝取充分的鈣能預防癌症是有所依據的。鈣頡頏劑是一種阻止鈣滲入細胞的成分，而鈣的本身，更是所有此類製劑中最為出色的一種，由前文中應該是已能瞭解。最近更從研究結果中得知，鈣頡頏劑可以加強抗癌劑的作用，也可以抑制癌細胞的蔓延，並且已經被用於治療癌症的藥物之中。

甲狀旁腺荷爾蒙可保護身體，免於放射線的傷害

研究人員將老鼠的肝臟切除一角，則原來的肝臟會長大一些，如同蜥蜴的尾部被截去會再生一樣。細胞的生長也是如此。但是如果先割除甲狀旁腺，則肝臟的再生能力會變得遲緩，因此得知甲狀旁腺荷爾蒙有使肝臟細胞分裂強化的作用，此作用主要即靠它來提升。

在飽受核戰威脅的一九六〇年，曾研究出一種藥物，可保護身體，免受輻射的危害。當時已發現，用甲狀旁腺荷爾蒙可以保護曾受大量輻射線照射的老鼠，且非常有效。

人體在受到大量輻射照射後，體內所發生的變化包括：製

造骨髓的血液細胞會突然銳減，以及腸壁細胞死亡，引起腸出血。但受到甲狀旁腺的保護，血液細胞及腸壁細胞都會加速分裂。因此，再生能力加快，使器官受損的狀況減輕，並且儘快恢復原狀。

免疫作用降低會使癌症惡化

過與不及都不是好事，甲狀旁腺對於保護人體雖有大功，但分泌過盛時，卻可能使大量的鈣氾濫在體內，並且滲入細胞之中，當細胞內外的鈣濃度無法維持定值時，免疫系統一旦失去了作用，癌細胞便群起而攻之。癌細胞與細菌和病毒相同，都屬於體內的異物，在平時免疫細胞有能力與異物作戰，但此時卻只能任人宰割了。

一般常識告訴我們：癌細胞是一種可怕而頑強的東西，除了動手術割除之外，便只能任其佔據自己的身體。現今新的醫學觀念是：人體雖然每天都會生成一些新的癌細胞，但自身良好的免疫能力即能將它除去，故不致蔓延致病；如果一旦免疫作用減低，便無法自行清除這些癌細胞，時日漸久便只有動手術一途了。

由此看來，因細胞中鈣的氾濫而使免疫作用降低，確是造成癌細胞擴散的重要原因。

癌症病患的血液中鈣濃度偏高

癌症患者常見的症狀之一就是血液中的鈣值非常高，這是因為骨頭中的鈣溶出，流進血液之中。根據每天有數千名患者檢測血液中鈣濃度的血液檢查室的記錄顯示，患有各類型癌症，以及原發性甲狀旁腺機能亢進症的患者，這些病患血液中的鈣都相當多，此項結果即可證明癌症以及血中的鈣增加，二者是惡性循環。

以手術割除癌細胞，或是服用抗癌劑之後，血中的鈣值會回覆正常標準。鈣值偏高時，會出現喪失食慾、肌力降低、失去活力、嗜睡等等症狀，癌症患者往往會出現上述症狀，或許是由於鈣太多的關係。這類病患可用降鈣素治療，使鈣值恢復正常，則這些症狀會快快消失，生存期也明顯地會延長。

鈣頡頏劑可防止鈣進入細胞中，與抗癌劑一同使用效果更好，可以有效抑制癌細胞的繁殖，也可證明鈣進入細胞的確和癌的發生，或多或少都有直接的關係。

圖二十七 活性型維他命 D 有保持細胞內鈣平衡的作用

——除了增進自腸吸收鈣的能力之外，活性型維他命 D 也被認為有平衡鈣的作用。

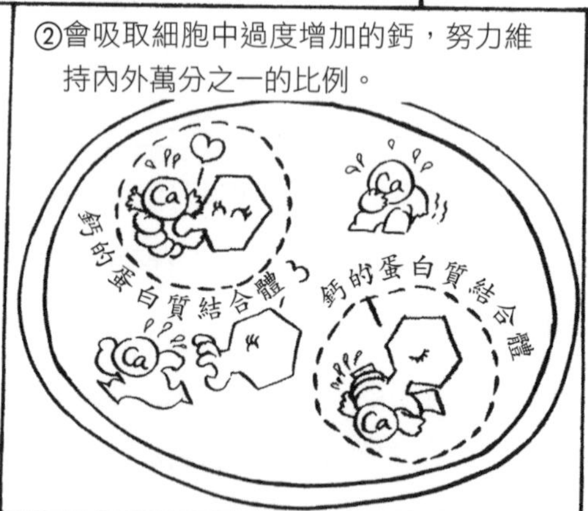

維他命 D 扮演鈣的解毒劑

我們已瞭解了活性型維他命 D 可以促進腸的功能，加速腸對鈣的吸收，此結構今日已得到證明。活性型維他命 D 可以和鈣結合為蛋白質，因此即使細胞中的鈣過多，只要有充分的維他命 D 就可以將鈣吸收，成為對細胞無害的物質。

活性型維他命 D 不僅僅扮演解毒的角色，也可充分利用食物中的鈣。自骨中由甲狀旁腺引出的鈣，進入細胞中便成為一種信號，鈣的作用降低，細胞中的鈣由蛋白質結合後處理，便可恢復為原先游離狀較少量的鈣。

與鈣有密切關係的活性型維他命 D 能治好白血病嗎？

最近常聽而討論活性型維他命 D 能否治療白血病的話題；白血病也就是血癌，癌細胞在血液中會不斷增加，又無法動手術，只能依靠化學治療，可說是一種相當可怕的疾病。將白血病的癌細胞放在試管中繁殖，以試驗藥物的療效，發現有數種抗癌劑可以有效抑制其生長，並且可以消滅癌細胞，而更重大的發現是活性型維他命 D，可以將癌細胞轉變為良性的噬食細胞（亦即吞食細菌、病毒等異物的細胞），就好像輔導人員勸告浪子回頭一樣。

如果這種情形能不斷發生，則任何癌症都可以治好，但遺憾的是，活性型維他命 D 的實驗顯示，這種作用只發生在少部分的動物身上，對於人體則還未能實現。不過，對於白血病的治療仍然具有重大的意義。

活性型維他命 D 對於白血球細胞，為何能有這麼戲劇性的療效呢？至今不明瞭之處尚多，或許是維他命 D 可在細胞中造成鈣結合蛋白，將進入細胞中的鈣加以解毒，亦可使癌細胞的擴散中止，是治療癌症的途徑之一。

不論如何，與鈣關係密切的活性維他命 D，可以隨心所欲地改變細胞的增殖及移動的方向，實在是令人驚喜。

圖二十八 活性型維他命 D 對治療白病血有效嗎？

⑩ 酒與鈣

飲酒過量會提高死亡率

自古皆知，酒精對人體有相當程度的危害，但並不能因此而妄下斷語，完全抹煞酒對人好的影響，其實少量的酒的確可以安定神經，減輕壓力及負擔，所以嗜喝啤酒及威士忌等等的「酒民」不在少數。

酒喝得適量也許有益身心，但是過量卻會大大危害身體各器官的正常運作。試觀法國南部的居民，整日以葡萄酒代替飲水，因肝病而引起死亡的不在少數，酒精首先危害最大的就是肝臟，包括脂肪聚集在肝臟的脂肪肝等（也有人稱肝硬化）。

喝酒還會使血壓上升，雖然在初期時小血管擴張，皮膚發紅，身體各部分的血路通暢，血壓會暫時性的下降，但酒精消褪之後，血管收縮，使血液不順，連帶地也使血壓上升。

此外，骨中的鈣也會不足，使得骨質疏鬆，腰酸背痛，這是由於酒精阻礙了小腸對鈣的吸收。一般而言，男性不像女性那麼容易罹患骨質疏鬆症，但只有愛喝酒的人例外。嗜酒者若能適量補充鈣，就不會發生這種情形了。

鈣可減少酒害

鈣和酒究竟關係有多深呢？除了前面所提過的，酒精會對肝臟造成危害之外，酒精中的熱量會使人有飽足感，不想再攝取其他營養素，如蛋白質、脂肪等等，久而久之，身體便呈現營養不均衡的狀態，各器官也會失去正常功能。

當鈣攝取偏低時，細胞內外濃度差減少，鈣進入了肝細胞中，使肝功能降至。同時當鈣不足時，酒精對於肝臟的侵害會更加深。

一種叫做四氯化碳的物質，其對肝臟的危害比酒精更甚。有人曾研究如何殺死肝細胞，鈣進入肝細胞時，肝功能立刻降低，是發生病變的先兆。所以只要能攝取充分的鈣，即使時常淺酌一番，對身體也不會造成太大的傷害。

我們已瞭解到，當鈣進入血管壁時，會導致血管收縮及血壓上升，所以在缺鈣時，這種情形特別容易發生。若能在飲酒時也多補充鈣，則就不致因為缺乏鈣，而使得骨頭中的鈣進入血管，也就可以保持血壓的穩定。

肝病惡化是因為自我免疫系統異常而起

有些人天生好酒量，即使喝得再多也是臉不紅氣不喘，但有的人只要一小杯下肚，馬上面紅耳赤、頭暈目眩，這是什麼原因呢？肝臟本身具有解毒功能，可以把酒精轉化成無害的酵素，但是解毒功能之好壞因人而異，這和遺傳大有關係，酒精危害肝臟的程度也因人而異。

其原因多半為免疫功能的異常，免疫系統原本與有自行處理掉異物的功能，而遺傳因素更大大決定了免疫功能的健全與否，但免疫系統過度旺盛的人，有時會出現弄錯對象，而產生不斷攻擊健康細胞的情況，過敏便是如此。

當酒精開始侵襲肝臟細胞時，免疫系統過盛的人，會在清除酒精之外，繼續猛烈攻擊自己的肝臟，使肝臟受損的情況愈來愈嚴重；但是免疫系統正常的人，就不會使這種情形繼續惡化下去，很快地身體的再生功能就會修補好輕微受損的肝臟。

免疫作用也直接與鈣的攝取有關，當因缺鈣而使細胞內外濃度差不能維持正常時，掌管免疫的淋巴球和巨噬細胞作用就會變得遲鈍。

這時只要充分攝取鈣，就可以預防身體的免疫系統過盛，自然因此而引起的肝病就會減輕發生機率，不僅如此，因病毒而引起的肝炎也可以控制。

適量的飲酒可以安定神經、延年益壽，但為何適量呢？大約以一天不超過三百公克的酒精為界限，相當於一瓶啤酒或是三分之一瓶的紹興酒，只要有節制，並且適量補充鈣，則不僅可預防酒醉，也可避免骨質疏鬆症、肝硬化、高血壓等種種後遺症。

⓫ 抽菸與鈣

尼古丁會刺激腦的作用

關於吸菸之害，於報章媒體時有所聞，美國現在也大肆強調戒菸的好處，所以吸菸的人口已減少許多。但是癮君子他們也有話要說：尼古丁可以刺激頭腦，提升集中力及注意力，更可以提高工作效率。姑且不論孰是孰非，只研究到底可不可能有辦法使人只得到吸菸的好處，同時並去除它的害處呢？

菸草中含有尼古丁，提到菸害往往直覺想到是它在作祟，事實上肺癌的成因，除了尼古丁之外，菸草中的煤焦油等物質，致癌性更大；尼古丁事實上在不吸菸的人體內也存在，而且是生理作用中不可或缺的物質。

視腦為一個情報站的話，神經就如通訊網，各種信號由此傳達，傳達站之所在叫做神經節，此處發出電流給大腦及身體各處，而要完成此一傳播的重要媒介就是尼古丁，因為它負責神經結的刺激與傳遞，居功甚偉。

為何抽菸會使血壓上升呢？

尼古丁對於神經負有非常重要的任務，但是當尼古丁隨菸草進入體內時，自腦會分泌出一種「抗利尿荷爾蒙」，使尿量減少，此時神經結還會分泌正腎上腺荷爾蒙，這種荷爾蒙會使血管收縮，如此一來血壓便會上升。

因此，抽菸過多，血液便無法順暢地抵達末梢神經，故手指與腳趾會發白而且變得冷冰。

菸草會使血栓閉塞性血管炎惡化

有一種稱做血栓閉塞性血管炎的疾病，是腳動脈因痙攣收縮而引起的疾病，血液循環不良，在靜止時，血液還可以流到腳尖，但一行走就需要大量流動的血液來供應，此時因為腳動脈痙攣僵硬，即使擴張動脈也無法流暢，所以罹患此病的人，只要一行走就會發生血流不足的狀況，並且引起足部痙攣，疼痛異常，此時休息片刻即會好轉。這種情況在醫學上稱為「間歇性跛行」。

因抽菸過多而引起的血管痙攣，容易引起血栓閉塞性血管炎，若是原本即已罹患此症，則抽菸時的尼古丁會使之更為惡化，因為尼古丁具有收縮血管的作用。

此時若缺乏鈣，則血管收縮的情形會更加嚴重，但若能及時大量補充鈣，則至少可以避免血管收縮，以免血栓閉塞性血管炎更惡化。

抽菸也會引起腸癌及胃癌

抽菸最大的害處，就是會得癌症，菸與肺癌已是大家所耳熟能詳的了。其中最特別的是一種鱗狀上皮癌，這種病症的罹患率與抽菸的數量和菸齡成正比，肺癌類型中的腺癌，雖然和抽菸沒有直接關連，但多少也有某些程度的影響。除了肺癌之外，大腸癌和胃癌也是癮君子容易罹患的癌症。

概括而言，除了直接與吸菸有密切關係的肺癌之外，其他部位容易產生癌細胞，就因為尼古丁進入身體中，使細胞內外鈣不平衡，免疫作用降低，癌細胞就乘機行動。所以只要鈣攝取充足，就不容易發生這些細胞的病變了。

鈣可預防菸害

近來已得知，充分攝取維他命 D，會使腸吸收鈣的能力大增，減少大腸癌的發生。因抽菸而易罹患大腸癌的人，可以用鈣來預防，體內的鈣保持一定值，就難以致癌。以鈣來抑制菸草之害，就應該不是夢想了。

菸草的另一害處是食慾減低，胃腸運動變緩，胃酸分泌旺盛，使得胃潰瘍和十二指腸潰瘍惡化。會造成這種影響的原因是尼古丁和乙醯膽素增加，副交感神經的作用提高而引起。在胃酸過多時，服用鈣有抑制胃酸的作用，所以多補充鈣可以減低尼古丁和乙醯膽素對人體的不良影響。

抽菸與喝酒不同，少量的酒精對人體有益，但抽菸幾乎是沒有任何好處，如果是無法避免的場合，也應儘量減少抽菸數量，並且記得要多補充鈣，以免與飲酒過量一樣造成骨質疏鬆症，無法戒菸的人更需注意這一點。

老化與鈣

❶ 老人癡呆症與鈣

老人癡呆症已成為日本老人第四大死亡原因

每個人都會年老，身體的各部分老化階段不同，肌肉與運動神經大約從二〇歲左右就漸漸降低。所以，只有年紀輕的孩子才能做體操和游泳選手，年紀大就難以做到了；但是某些能力，如判斷力和適應力等等，卻是隨著年齡而逐漸增長。固定上下班的人，到了某個年齡一定得退休，自由業的人，如藝術家、作家等等，雖沒有被強制退休的困擾，但到末了，還是沒有任何人能與時間對抗的。

記憶中的機械式記憶法，也就是俗稱的「死記」，在小學階段會發展到極點，之後便漸漸衰退，很難再用這種方法去強迫記憶，但是與種種事物相關的經驗累積，卻是隨著時間而更加強。年紀大的人，對於過去的事物記得很清楚，而剛發生的事卻很快就忘了，這也是一種知能退衰的表現。

但是健忘的程度嚴重到影響日常生活，或是造成家人的負擔時，我們即可以說已經得了老年癡呆症，在日本，老人癡呆症已在成人死亡原因中排名第四，僅次於因動脈硬化和高血壓引起的腦血管障礙與心肌梗塞，以及癌症等三項，目前，醫學界仍然無法有效地掌握其治療方法。

無法取代的腦細胞

關於人工器官的研究現在極為盛行，人工腎臟（血液透析）雖不是十分完美，但對於沒有腎臟的病患而言，使用人工腎臟至少可以多維持十年以上的壽命，無安全之虞。同樣的，很多心臟病患也使用人工心臟來替代，功能亦十分良好。但是，在人體眾多臟器中，只有大腦不是其他東西可以取代的，否則人也不能稱之為人了。

電腦是一種高科技的產品，它固然可以幫助人腦做一些記憶、計算等繁雜的工作，但完全無法代替人腦累積經驗或做決定，我們說大腦代表了人的一切，實不為過。腦既是如此地複雜與重要，一旦有了任何損壞，或是功能衰退，則它的影響實在是無法估計的。

記憶力是大腦功用的一部分，其他部分還包括情緒、慾望、意念、人格等等。癡呆症就是腦的高等機能衰退，因而導致健康發生很大障礙。

雖說要治好任何疾病，最重要的不是醫師與藥物的優劣，而是患者本身恢復健康的意願，但是老人癡呆症不同，尤其是患者已喪失了控制意願的能力，所以很難恢復，因此對於家人而言，無異是一項沈重的負擔。

馬里亞那火山帶居民罹患神經系統疾病的原因

老人癡呆症究竟與鈣有什麼關連呢？現在我們就由環境、地理、營養、生活習慣等各方面來做說明。

神經系統、腦、脊髓、末梢神經等疾病有各種原因，其中以先天性遺傳的一種最難治療，另外有些是環境造成的，例如萎縮性肌強直症等。

自日本的紀伊半島到美國的關島，為馬里亞那火山的延伸地帶，目前已知道一帶發生萎縮性肌強直症的患者相當多，尤其是在關島甚至發現集體病例，另外也發現許多老人癡呆症以及帕金森氏的患者。

那麼這些疾病和火山帶之間的關係如何呢？

我們平日喝的自來水，是由雨水流過岩石之間再潛入地底，這過程中會將岩石中的鈣溶出來，所以自來水中的鈣質含量很多。但是在馬里亞那火山延伸地帶，所飲用的水鈣質含量極少，根本不夠身體需要。

缺鈣的水是導致怪病的原因

俗語說：「水清不留魚」，也就是說絲毫不含雜質的水根本不適合魚類生存。像雨水、蒸餾水等等，其中都沒有礦物質，當然在今日而言，生活富裕糧食充足，根本不需倚賴水中少量的礦物質生存，但是在馬里亞那當地，居民一切自給自足，食糧的收成也完全倚靠雨水灌溉，間接地，收獲物中所含有的鈣成分也不多，同時以草料維生的家畜，也是吃下了缺鈣的飼料，所以本身自然也會缺鈣。如此長期這般下來，當地居民喝的是缺鈣的水、吃的是缺鈣的蔬菜和肉類，其結果也就可想而知了。

關島的人自古以來長期處於缺鈣的狀態，導致甲狀旁腺在體內氾濫，析出過多的鈣積存在腦和脊髓，遂引起了病變。

萎縮性肌強直症是一種可怕的疾病，自腦至脊髓部分的運動神經經路會變性，造成手腳痺痺、肌肉萎縮，胸部的呼吸肌失去作用，最後會因窒息而死，因解剖研究發現，這類患者在腦及脊髓部分，積聚了大量的鈣，同時也有多量的鋁和錳，此乃因為體內大量的鈣和其他金屬會引起惡性循環，使神經系統變性。證據之一是用缺鈣的餌食飼養老鼠，日復一日老鼠的肌力會衰退，走路也會搖晃，此即體內分泌出的鈣積存在腦和脊髓，使神經系統變化所致。

腎功能降低也會缺鈣

腎功能不好的人，必須以人工透析來去除體內的廢物就是俗稱的洗腎，洗腎的費用高昂，而患者也日漸增多。人工腎臟可代替腎臟除去體內的廢物，但另一個重要作用，就是製造活性型維他命 D，人工腎臟卻無能為力。經常洗腎的人，維他命 D 會漸漸減少，腸吸收鈣的能力也隨之降低，即使經常由食物中補充鈣也無效。

因為缺鈣而引起的鈣氾濫會積存在腦部，再加上經常地透析而未服用活性型維他命 D，則神經作用會更加遲鈍，因此而引起的感覺遲鈍、肌肉無力等症狀便無漸漸出現。

此外，腦的功能降低，也是因為鋁和鈣一同積存在腦神經所致。鋁多半是隨著鈣行動，所以正本清源，應該先服用活性型維他命 D，避免缺鈣的情況發生。這點正接受透析的患者，更需要特別注意。

所有年紀大的人都有鈣不足的情況

年紀漸長，腎功能也會衰退，雖不至於全都要洗腎，但是腎功能不足，就無法製造充分的維他命 D，使得鈣的吸收也不完全；另一方面，老年人的腸也較弱，原本就大大減弱了鈣的吸收率，故可說老化是一種慢性腎功能不足的象徵。

由此看來，老年人缺乏鈣似乎是天經地義的事，於是體內自行提出的鈣到處氾濫，引起的老年癡呆症更是必然的現象，所以還是要奉勸老年人，要特別注意攝取比常人更多的鈣。

老年癡呆症、萎縮性肌強直、透析患者，雖然病症不同，但卻是同一原因（缺鈣）所引起，如果不謹慎地注意鈣的攝取，則這些現象會一一出現在老年人身上。

老人癡呆症除了缺鈣之外，還有其他原因，例如腦動脈硬化和腦軟化所引起的癡呆，結果也完全相同，但只要能特別注意鈣的攝取，至少可以去除掉大部分的罹患率。有一種稱為 Alzheimer 型的老人癡呆症（為最普遍的一型），其血液中即含有許多甲狀腺荷爾蒙，這種種現象都顯示了鈣的重要性。

❷ 白內障與鈣

白內障是鈣積存在水晶體所引起

老年人往往耳不聰目不明，因此對於外界資訊的吸收愈來愈少，所以也不漸漸愛外出與人交際，於是便形成與現實脫節的現象。

白內障就是眼中的水晶體內積聚了太多的鈣，眼球逐漸白而顯得模糊不清，這也是因為年紀大缺鈣所造成。此外，血液中的鈣濃度偏低，或是糖尿病等都會引起白內障。

視覺是仰賴鈣的作用才發揮功效

即使水晶體未發生如白內障一般的異常現象，但感覺的網膜部分完全依靠鈣的指示而作用，鈣若不足則也會影響視力。

網膜的感光細胞與神經細胞相同，細胞外的鈣比細胞內多一萬倍，若不保持此一固定比例就無法感光，亦即如果缺鈣，則細胞內外的鈣濃度差無法保持一萬比一時，區別物體的能力（即視力）將會衰退。

在暗處看東西過久眼睛會疲勞，這是因為感光細胞無法充分保持細胞內外鈣濃度的差別，視力便會因而減弱。

❸ 更年期障礙與鈣

卵泡荷爾蒙（雌激素）停止分泌會導致缺鈣

女性到了更年期，約在五十歲左右，月經會停止，同時卵泡荷爾蒙（雌激素）和黃體荷爾蒙的分泌也會突然終止。

因此，全身荷爾蒙的調和大亂，會引起各部位失調，例如臉部潮紅、全身冒汗、手腳發麻、肩膀酸硬、夜晚失眠等等不定的症狀。

自律神經失調也在此時發生，有時會被誤認為神經症。二者的差別就在於更年期女性只要服用卵泡荷爾蒙，種種現象會立刻好轉。

男性的雄激素雖然也會隨著年齡漸長慢慢減少，但不會像雌激素那樣立刻停止。因此，男性的更年期並不如女性那麼明顯。

骨質疏鬆症約發生在女性更年期十年之後，因子宮肌瘤及其他婦科疾病，而在年輕時就動手術去除卵巢的女性，在人工閉經後的十年內，也同樣會引起骨質疏鬆症，因此，卵泡荷爾蒙（雌激素）的缺乏會造成骨質疏鬆症是可以確定的。

雌激素會抑制鈣的支出

為什麼缺乏雌激素會引起骨質疏鬆症呢？這是因為雌激素有一種特殊功能，它可以妥善地保存鈣，不讓它輕易流失，當甲狀旁腺想要自體內提取鈣時，雌激素會堅決反對，儘量不讓它得逞。

或者是當身體吸收了活性型維他命 D 的時候，雌激素也會儘力支持，促進腸對鈣的吸收，並減少鈣排入尿中的機會。雌激素就是如此地盡心保持體內的鈣，它原本的任務是促進子宮與卵巢發育，讓卵泡成熟，為受孕做準備，故其最終目的則是保護胎兒的發育，等時間一到即平安誕生。

因此，支撐胎兒發育的骨盆及產道，就靠著雌激素來保護，不讓鈣質流失，如此才能承擔生產時重大壓力。

❹ 骨質疏鬆症與鈣

自古以來，罹患骨質疏鬆症的以女性居多

古代埃及有則傳說：有一頭人面獅身獸，牠終日對經過的

圖二十九 **雌激素（女性荷爾蒙）與鈣**

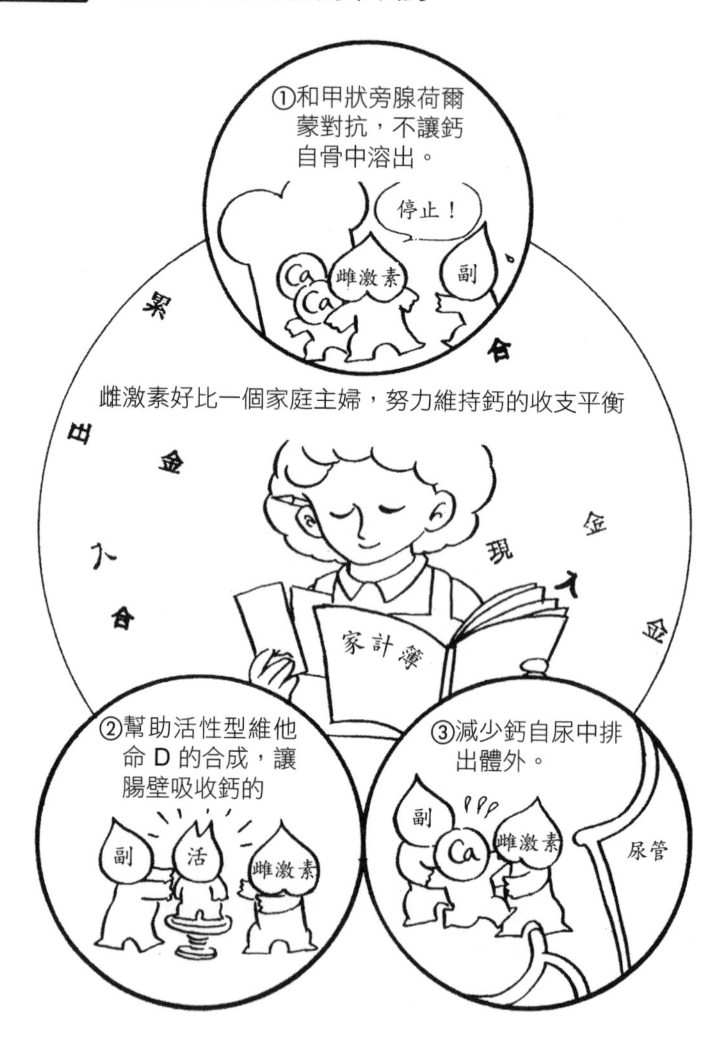

人提出一個同樣的問題：「早上四隻腳、中午兩隻腳、晚上三隻腳的東西是什麼？」不會回答的人就成了牠腹中之物；大部分的人都沒有想到答案就是「人」，所以一個個都被牠吃了。

為什麼人到了晚年會變成三隻腳呢？因為人年紀大了多半都患了骨質疏鬆症的毛病，不得不倚靠枴杖來行走，就成了三隻腳了。

在許多童話及卡通中常常發現，上了年紀的老婆婆幾乎都是彎腰駝背的，卻很少有人把老公公形容成這樣，可見自古以來骨質疏鬆症以女性最常見。

一般人都認為年紀大了，體形自然不比年輕時挺拔，但卻很少有人了解這正是因為骨骼老化、骨質疏鬆症所造成的。

雖然這和白髮、禿頭一樣，只是生理上的變化，但是卻會帶來諸多不便及不適。也由於骨質疏鬆常見於上了年紀的人，所以也可以算是老人病的一種。

為一種骨的質量減少，無法支撐身體的惡疾

人體中的鈣，有百分之九十九儲存在骨頭內，所以鈣不足則骨骼也脆弱是很容易理解的。骨的疾病有許多種，有的是骨

圖三十 獅身人面獸之謎——人的一生

圖三十一 患骨質疏鬆症的女性比男性多

其原因如下：

1. 鈣的攝取量女性較少
2. 女性荷爾蒙在更年期會驟減
3. 妊娠負擔重
4. 天生骨架較小
5. 肌肉較無力，運動量不足

圖三十二 骨質疏鬆的原因

的質量不足，有的卻是質量雖多但很快就被破壞；或是同樣的骨質脆弱，又分為缺少單一成分及缺少多種成分等等。

骨質疏鬆症是骨的成分雖齊全，但骨的量卻減少，因此支撐身體的力量便漸漸喪失，身體因此變形、彎曲，萬一跌倒時以手去撐地，手骨也可能因此而折斷。甚至在全身骨骼中最粗的大腿骨，萬一姿勢不正也會折斷，要想完全治好可是需要很長時間的，至少要六個月才能復原。

斷骨若未完全長好的話，甚至得長期臥床，不能走動。所以骨質疏鬆症實在是一種不容忽視的病症。

陸上的人類不比海中的魚，後者完全沒有缺鈣的煩惱，但是人類卻必須時時擔心，這也就是因為骨骼對於我們人類實在是太重要了。

缺鈣時，骨中的鈣會不斷溶出造成骨質疏鬆症

骨質疏鬆症是一種複雜的疾病，原因也有很多未知的部分，至於為什麼女性罹患此症會比男性多，或許是因為女性的身體較小，吸收的養分和鈣不如男性多，而且成年女性在懷孕及哺乳期，鈣更會大量流失。

〔寫真一〕年輕人和老年人大腿骨的差異

老人的大腿骨和年輕人居然相差這麼多，也難怪一跌倒就要「粉身碎骨」了

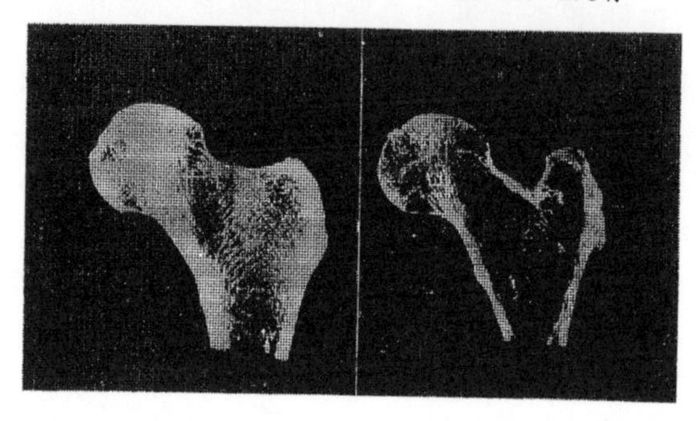

此外，我們的社會因為減肥的女性比男性多得多，或許也是原因之一。

要想完全瞭解骨質疏鬆症之所以男女有別，可以參考前面「更年期障礙與鈣」一節，其中對男女荷爾蒙分泌的差異有詳細說明，可以做為參考。

女性在分泌雌激素期間懷孕，有雌激素來保護骨骼的強壯，但一過了更年期，被呵護習慣的骨就會脆弱得不堪一擊。

缺鈣時，甲狀旁腺會自骨析出鈣，當年紀大的時候，保護鈣的降鈣素會逐漸減少，加上更年期的女性也停止了雌激素的分泌，如此一來，只能任甲狀旁腺囂張地析出大量的鈣。當然，腸的吸收減弱也是缺鈣的重要原因之一。

由上述即可知，很少接受日光照射與日照充足的地方相比，前者發生骨質疏鬆症的機率要大得多。

幾乎所有的人都知道缺鈣是骨質疏鬆症的最大原因，但是，最近的醫學界更重視因缺乏維他命 D 致使免疫異常，而引起的骨質疏鬆症。總之，不論原因如何，充分攝取鈣是絕對不會錯的。

圖三十三 老化與鈣的關係

老化現象，說穿了就是因為保持鈣平衡的三種荷爾蒙不協調，減少了鈣的吸收，甲狀旁腺便自行析出骨中的鈣，這些鈣會積存在血管、腦等等地方，於是便出現了種種衰老跡象。

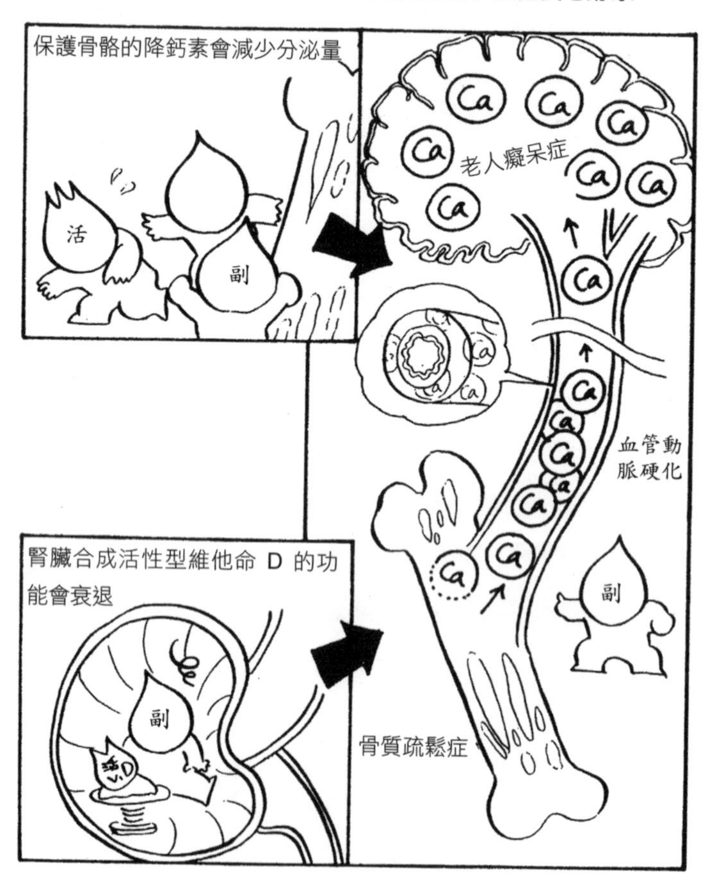

長壽與鈣

人的一生都在為缺鈣而戰

人類從呱呱墜地到白髮蒼蒼，終其一生都與鈣有密不可分的關係，輕則有礙發育，重則危害生命，比起海中的魚生活在富含鈣的環境之中，人類真是滿辛苦的。但是窮一生之精力在吸收鈣，它卻還是不免隨著年齡增長而慢慢流失。

鈣不足時，甲狀旁腺就會大量分泌，所以可以說年紀愈大，則甲狀旁腺分泌也愈多；如此一來，骨中的鈣越來越少，釋出的鈣卻到處沈澱，造成老化現象。理由上說來，多補加鈣質應該對人體是一種良性循環，不僅骨骼強壯，更不會有老化的現象發生。

表三 大動脈中，鈣的含量會隨著年齡增加而直線上升

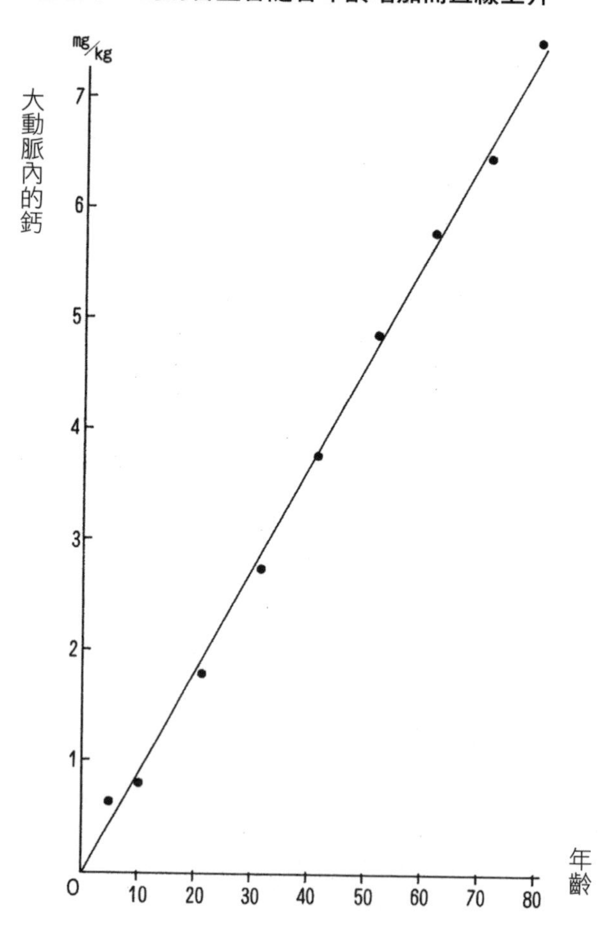

當然，鈣如果沈積在血管或腦子裏，想要除去可不是一件容易的事，所以醫學界常呼籲大家：「預防重於治療」，這種觀念是非常正常的。

為了加強鈣的吸收，補充維他命 D 及降鈣素都是很好的方法，但是提醒讀者：務必要遵從醫師指示，不要自行服用藥物才是正途。

腎功能衰退則的影響鈣的吸收

年紀大的人，鈣不足的另一大原因便是因腎功能退衰，無法製造活性型維他命 D，而阻礙鈣的吸收。

這點曾以老鼠來做實驗，發現飼料中加了鈣的老鼠，比加入過多蛋白質的老鼠長壽，由此可瞭解過量的蛋白質會造成腎臟的負擔，使腎臟無法製造足夠的活性型維他命 D，使腸對鈣的吸收力降低。

前述的短命老鼠在解剖後發現，體內含有大量的甲狀旁腺荷爾蒙，且腎功能很差。同樣的情形也可能會發生在人類身上，所以假如能給予適量的蛋白質和鈣，則腎臟即能維持正常的運作，甲狀旁腺也不會大量分泌，如此自然得以健康長壽。

鈣可以使人長生不老、返老還童

老化現象由鈣的觀點來看，是長年缺鈣所引起的。身體時常得不到所需要的鈣，則鈣的分布狀況就會改變，該有的地方缺鈣，不該有的地方卻是鈣氾濫，自然會引起種種異常現象。

缺鈣的結果使骨骼中的鈣減少，血管和腦中的鈣增多，骨質疏鬆、動脈硬化、老年癡呆症等等都接踵而來。骨與血管和腦中的鈣濃度差異變小，就好像水力發電中水壩的水變少了，流動力減弱；細胞內外的鈣濃度差變小，則細胞的免疫力及荷爾蒙的分泌都會變得遲鈍。

以上種種都是因為缺鈣所引起的，所以只要能消除惡因，自然就能避免惡果，長生不老也就不再只是夢想了。

圖三十四 多吃含鈣量高的食物可以防止老化

以低蛋白、高鈣食物餵食的老鼠，
比餵食高蛋白的老鼠長壽。

用低蛋白、高鈣的食物餵老鼠

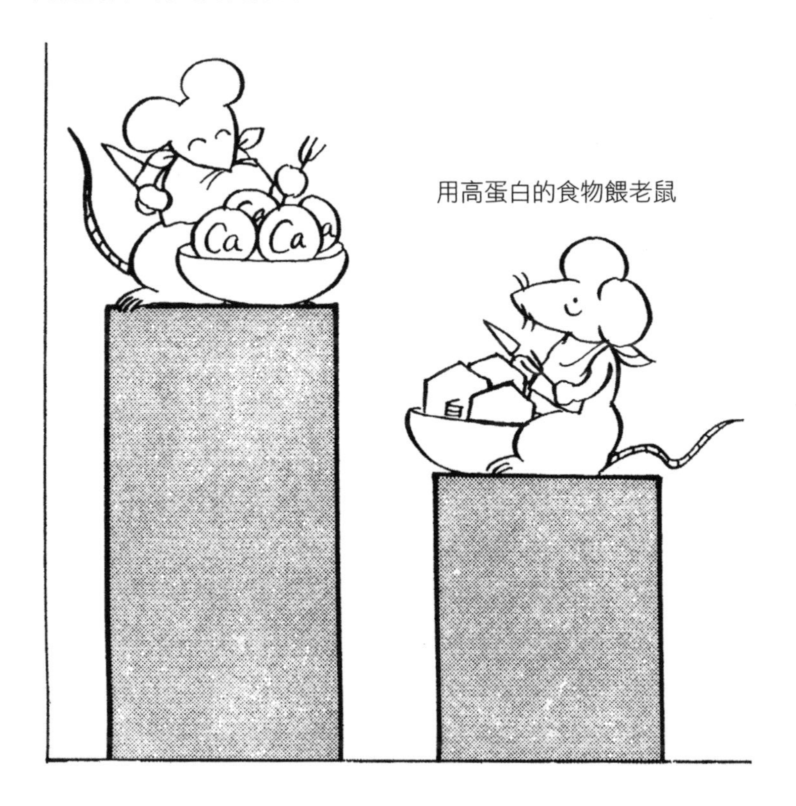

Chapter 3

如何消除鈣不足的狀況

鈣的吸收受到各種複雜因素的支配

❶ 鈣的吸收與排泄結構十分不可思議

吃進去的鈣就一定會吸收嗎？

為避免鈣不足，一定要多攝取富含鈣的食物，但是吃進體內的鈣，也一定要以離子化的形態才能被吸收。有些人吃了許多小魚乾、乳酪、牛奶等食品，心想一定沒有缺乏鈣之虞了，但是假如他的腸胃不好，不能正常分泌胃酸，使鈣離子化，則即使他吃下一塊石頭也是枉然。

除了水和牛奶之外，食物中的鈣很少容易離子化，特別是在酸性土壤的地區，由於水流經的過程中缺少鈣的環境，因此農作物和牲畜對都大量缺鈣。生活在缺鈣環境中的居民，一定要格外注意鈣的攝取，否則就會像馬里亞那火山一帶的居民，衍生出各種怪病。

鈣沒有攝取過多之虞

有人擔心吃了太多的鈣會引起結石，其實這是毫無根據的（除了少數腸功能失調的人例外），吃進去的鈣，除了一部分離子化能被腸吸收之外，其餘的會根據腸調整機能的作用，直接通過腸排出體外，不被吸收。

假如把自嘴吃進的鈣稱為「食物鈣」，則與此相對的便是由牙齒和骨骼中溶出的「骨骼鈣」，當食物鈣不足的時候，血液中的鈣濃度會降低，甲狀旁腺必須緊急析出骨骼鈣，來保持血液中的鈣濃度。當然最好是只析出血液所需要的分量就夠了，可是骨骼鈣的濃度比血液中的鈣多上好幾千倍，所以即使只釋出一點點，也會在血液中造成氾濫。食物鈣與骨骼鈣不同，只有身體所需要的分量才會被吸收。二者比較起來，似乎完全是甲狀旁腺在從中做梗。

「骨骼鈣」是身體的一大敵人，它四處游走，不時附著在身體各部分，不僅造成了動脈硬化、高血壓等疾病，更因著細胞內外的鈣未保持萬分之一的定值，而使免疫力降低，無法對抗病毒和細菌。它不僅是所有疾病的大敵，更是身體各器官老化衰退的元兇。

《聖經》中有一句話：「自口進入的，不會污染人的靈魂。」這句話是因為當時的環境中，有許多無謂的迷信和禁忌，認為某些食物是不潔之物，因而被禁止食用；但是這句話如今被我們借用來做為對食物鈣的詮釋，似乎也滿貼切的。

這種因缺乏反而導致氾濫的結果，被稱為「鈣的奇論」，也只有在骨骼鈣的形態上才會發生，請讀者千萬要辨別清楚，食物鈣攝取再多也不會對人體有害的。

鈣不足會引起「鈣的奇論」

如以上所述，結石是因為食物鈣不足，使骨骼鈣在體內氾濫，多餘的部分就形成結石，絕非吃了過多食物鈣所致。結石和食物鈣太多毫無牽連，反而是因不足而引發「鈣的奇論」。

❷ 過剩的磷和蛋白質會妨礙鈣的吸收

在考慮鈣的吸收時，一定不可忽略磷和鈣的比例，以一比一最為理想，或者至少控制磷要在鈣的三倍以內（即一比三以內），因為多餘的磷很容易與鈣結合，一同排出體外。這是因為磷具有容易與鈣結合的特性，牛奶之所以易於被吸收，就是磷和鈣的比例恰當；但是參考下列圖表便可得知，我們在日常食品中所攝取的磷實屬偏高，這正是造成鈣自體內流失的一大原因。

例如，精白米，鈣與磷的比例為 1：25，雞肉為 1：70，比例非常懸殊。因此在吃下這麼多含磷量高的食物之後，磷和鈣比例相的牛奶，也不足以彌補體內缺乏的鈣。

反言之，含有大量鈣質的羊栖菜，與磷的比例是 1：0.04；高麗菜是 1：0.5；但是很遺憾地，我們並不能把這類食物當做主食。此外，為了使食品能延長保存期限，在食物中所添加的磷酸鹽，更是助紂為虐，大大地破壞了鈣的吸收。由以上看來，只要吃了過多含磷的食物，即使補充了大量鈣片，也毫無作用。

此外，蛋白質與鈉也具有和磷相同的作用，極易與鈣結

表四 食物中所含鈣和磷的比例

Ca……鈣
P……磷
（磷的比例愈大，鈣的吸收愈差）

鈣含量高的食品（Ca:P=1:2 以下）			鈣和磷含量低的食品（Ca:P=1:2.1～1:6）			含磷多的食品（Ca:P=1:6.1 以上）		
品名	Ca:P	Ca 含有量	品名	Ca:P	Ca 含有量	品名	Ca:P	Ca 含有量
羊栖菜	1:0.04	1,400mg	納豆	1:2.1	92mg	土司	1:6.2	11mg
蒟蒻	1:0.1	43mg	蘋果	1:2.3	3mg	腓魚	1:7.4	34mg
西羊芹	1:0.3	200mg	豆芽	1:2.4	15mg	啤酒	1:8.0	2mg
酸梅	1:0.4	61mg	魚板	1:2.4	25mg	煮麵	1:8.0	10mg
葡萄	1:0.5	38mg	大豆	1:2.5	190mg	馬鈴薯	1:8.4	5mg
高麗菜	1:0.5	45mg	青椒	1:2.8	10mg	秋刀魚	1:8.6	22mg
菠菜	1:0.5	98mg	松葉蟹	1:2.9	55mg	加納魚	1:10.0	15mg
檸檬	1:0.6	40mg	沙拉醬	1:3.0	55mg	竹筍	1:12.8	4mg
洋葱	1:0.6	40mg	芋頭	1:3.1	14mg	里肌肉火腿	1:16.3	8mg
蜆	1:0.7	170mg	甜栗子	1:3.3	29mg	竹筴魚	1:16.7	12mg
豆腐	1:0.7	120mg	蛋	1:3.0	65mg	烏賊	1:24.2	12mg
沙丁魚乾	1:0.8	855mg	龍蝦	1:3.6	70mg	玉米	1:25.0	6mg
蜜柑	1:0.9	14mg	大蒜	1:3.7	18mg	青花魚	1:26.0	5mg
冰淇淋	1:0.9	100mg	香魚	1:3.8	50mg	松魚	1:27.1	7mg
牛奶	1:0.9	120mg	蓮藕	1:4.0	20mg	培根	1:27.5	8mg
胡蘿蔔	1:1	35mg	桃子	1:4.3	3mg	鹹肉	1:28.0	5mg
葱	1:1.0	50mg	香蕉	1:4.6	5mg	牛肉	1:47.5	4mg
萵苣	1:1.2	21mg	香草	1:4.9	8mg	豬肉	1:47.5	4mg
甘薯	1:1.7	24mg	烏龍麵	1:5.0	5mg	金槍魚	1:56.0	5mg
奶油	1:2.0	10mg	蕃茄	1:6.0	3mg	雞肉	1:70.0	4mg

合，因此攝取過多蛋白質時，即使腸吸收了充足的鈣，也會很輕易地由尿液中排出體外。

❸ 日光與鈣

關於鈣的吸收，很重要的一個因素就是由日光照射而合成的維他命 D。極少受到日光照射的愛斯基摩人，個子比較矮小是很出名的。由表五可得知：在北方的國家對鈣的攝取較南方國家為多，如芬蘭，攝取鈣的分量是全世界最多的，而南方的印度和阿拉伯等地，鈣的攝取量遠不如平均值。

此外，常受日照的南方國家，對於維他命 D 的合成，只經由皮膚就可完成；但少受日照的北方，靠紫外線由皮膚合成維他命 D 的機會很少，所以日光浴在當地非常盛行。但反觀南方的居民，多半愛躲在蔭涼之處避暑，二者實在大異其趣。從印度和巴基斯坦移民英國的人，因為一下由日照充足的地方移到陰冷潮濕的氣候，許多移民都罹患了軟骨症，這在醫學界裡也是一件著名的事情。

表五 各國人民鈣的攝取情形

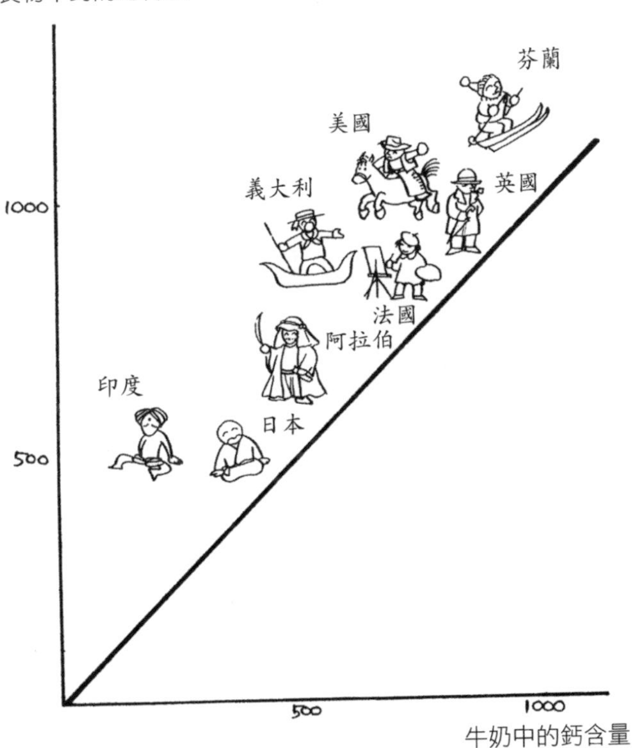

圖三十五 北方國家與南方國家、鈣攝取量的差異

世界各國的鈣攝取量和東方人的鈣攝取量

東方人的鈣攝取量是全世界最低的

如以上所述，鈣的攝取量並不等於吸收量，根據飲食習慣（蛋白質、磷及鈉的攝取量）與生活環境（接受日光照射的機會、運動量）等等，其需要量不一定而定；其中當然還有許多個別差異，究竟每人一天需要多少的鈣才是「恰當」？實在是很難回答的問題。

東方人的身材矮小，完全是因為鈣的嚴重缺乏所致，含鈣量高的食物，如牛奶、乳酪等等，對以米食為主食的東方人而言，乃是近代才有的產物。

前表五是世界各國每人的食物中鈣含量，Y 座標（縱座標）表示每天食物中的鈣攝取量，以毫克 mg 表示；X 座標（橫座標）則表示每天所飲用的牛奶中之鈣含量，如果所有的點都能分布於斜線之中，則表示鈣都隨牛奶進入體內。除此之外，其他食物中如乳酪、小魚乾、海藻等等都含有許多鈣，所以點應該位於斜線上方才是正確。這也表示出鈣的總攝取量應比每天所喝的牛奶更多。

據世界各國鈣攝取量的數據，我們可以發現，中國人、日本人鈣攝取量之低和印度不相上下，一般中國人、日本人為維持每日正常所需的鈣攝取量為 600mg，比美國人的 800mg 為低；與歐美各國相比也屬偏低。

東、西雙方的鈣攝取量為何有這麼多差距呢？美國人十分重視缺鈣所引起的後果，所以需要量訂的較高，但東方人卻還舉棋不定，不知道吃了太多的鈣會不會引起後遺症，所以較為保守。

但是最近世界各國，對於鈣的需要量，都有增加的趨向。

鈣的需要量在各先進國家中，以美國最高

東方人所制定的鈣需要量如下：成人每一公斤體重，需要

10mg，如此 60 公斤的人需要 600mg 的鈣。美國的學者專家則主張二倍於此數，特別是中年以後的女性需要 1500 至 2000mg 才足以應付身體所需，這是因為年紀大了，腸吸收鈣的能力減弱，不增加攝取量則不足以維持平衡。

東方人唯一缺乏的營養便是鈣

姑且不論歐美等先進國家，以其他開發中國家做比較，也沒有一國對於鈣的攝取量像東方人這麼低的。

東方人為什麼會在這方面敬陪末座呢？鈣是所有營養素最重要的，也是性質最特別的，但是東方人似乎還未完全理解它的重要性，這點可由東方人的健康狀態上得知。

在東洋的老年人，每日鈣攝取量僅有 200～300mg，由這數據可得知，幾乎所有的老人病都是因為缺乏鈣而引起；由此可見，東洋人對於鈣的知識，實在太貧乏了。特別需要注意的是，並非所有食物中含有的鈣都能完全被吸收，只要其中有 35%～50%能被吸收就不錯了，少於這個數字的更大有人在。年紀愈長需要量愈高，但實際情況卻是老人往往忽視了這一點。

表六 各國的鈣攝取需要量

各　　國	男	女	孕婦
美國	800	800	1200
阿根廷	700	600	2100
英國	500	500	1200
義大利	500	500	1200
印度	450	450	1000
加拿大	800	700	1250
瑞典	600	600	1000
蘇聯	800	800	1500
韓國	600	600	1000
捷克	800	800	1250
中國	600	600	1500
法國	800	800	1000
日本	600	600	1500
FAO(WHO)	450	450	1100

有效的鈣劑利用法

行文至此，相信讀者已經完全瞭解鈣對我們的重要性了，接下來的問題就是應如何避免發生鈣不足的情況，以確實掌握自己的健康。

鈣屬於營養素之一，由食物中攝取是最直接的途徑，可是在已經發生青黃不接的時候，要等到食物中的鈣經過各種消化器官，再被腸吸收一小部分，實在是太慢了，所以我們要利用含鈣的製品來補充食物中所不足的部分。

近來市售的各種健康食物中，包括許多標榜著「含鈣量高」的食品，但取自獸骨與魚骨中的磷酸鈣，因磷的含量過高，而且其中的鈣難以離子化，所以這種鈣的補給也是不完全的。此外蛋殼與牡蠣殼經過粉化的碳酸鈣含有的鈣雖多且不含磷，但因難以離子化，因此同樣有礙吸收。

總而言之，除了各種健康食品之外，鈣片的使用也相當大眾化。

在美國也常使用碳酸鈣來補充鈣不足的情況，最常使用的是以牡蠣殼為原料的碳酸鈣，在中醫也同樣以類似的處方使用至今，但是前面已經提過，這種成分在體內不易離子化，吸收效率並不好。

醫學界目前普遍仍在研究一種吸收率強，利用率高的鈣的製劑。

目前醫師較常使用的處方是乳酸鈣，以及葡萄糖酸鈣，以及天門冬酸鈣等有機酸的鈣鹽。不過服用了 7 至 10g 的藥才含有 1g 的鈣成分，因此要想吃下足夠分量的鈣，得先服用數倍於此的藥才行；而碳酸鈣與鈣的病例為 2：1，故它比乳酸鈣有效。

天然活性鈣的開發是一項劃時代的創舉

由新鮮的牡蠣殼為原料，同時使用特殊製造法，讓碳酸鈣

表七　種種鈣劑中鈣的比例

鈣劑的種類	鈣的比例	為了攝取一公克的鈣得吃下多少藥物呢？
碳酸鈣	45	2
磷酸鈣	32	3
骨粉	32	3
乳酸鈣	13	7
葡萄糖酸鈣	10	10
天門冬酸鈣	9	11

要攝取等量的鈣，卻得同時吃下許多藥劑，實在不是很理想。

及氧化鈣比其他任何鈣更易溶於水，以提高它在體內的吸收率及利用率，一種新型的離子化高效率活性吸收型（Active Absorbable）的鈣——AA 鈣已成功開發。

僅以牡蠣殼粉末製成的鈣劑，在二%的溶液中溶於水時，電的傳導力約為 80（us／cm），但相對地，AA 鈣的電傳達力卻百倍於此，也就是 1000（us／cm）之多，與其他任何鈣劑相比，如表八所示可知，其對於電的傳導極高。

為了證實此一數值，對磷酸鈣和乳酸鈣相比，較易被吸皮的是碳酸鈣和 AA 鈣，其各別的吸收力可由以下的實驗中看出差異。

實驗法如下：將三種鈣分別給下列三位患者，其症狀為甲狀旁腺荷爾蒙分泌不足，維他命 D 合成不佳，血清鈣值（血液中的含鈣量）很低，對於鈣的需要量都非常大。

就正常人而言，食物鈣攝取不足的話，則骨骼鈣便會自動釋出，以彌補血液所需；血液鈣由於經常保持一定的數值，故無法探測出變化。

但甲狀旁腺荷爾蒙分泌不足的人，維他命 D 的合成自然也缺乏，加上腸壁障礙，阻礙了鈣的吸收。

但由實驗結果得知如表九顯示：在服用碳酸鈣時，血清鈣值是（6.7±0.3），與此相對地，AA 鈣為（0.8±0.1），明顯地比碳酸鈣吸收性強，已由此即可得到證明。

以上三位病患，服用 AA 鈣時，比服用碳酸鈣時所引起的缺鈣症狀要減輕許多。

甲狀旁腺荷爾蒙分必不足時，為了吸收鈣所不可缺少的活性型維他命 D 無法合成，這類患者鈣的吸收力不良。

但根據前面的實驗卻發現，服用 AA 鈣的患者，即使缺乏維他命 D 也可以完成鈣的吸收，因此又做了如下的實驗——

餵食老鼠完全不含維他命 D 的飼料一個月以上，血清鈣值因此降低，再分為餵食含碳酸鈣及 AA 鈣的兩群老鼠相互做為對照。

結果仍然是 AA 鈣組明顯比碳酸鈣組的吸收力好上很多（參考表十）。

因為缺鈣以及維他命 D 不足，而使甲狀旁腺荷爾蒙分泌大增的續發性甲狀旁腺機能亢進症患者，在服用 AA 鈣和碳酸鈣之後，比較血清鈣上升的情況，以及甲狀旁腺荷爾蒙分泌量減少的情況，同樣證明 AA 的效果比碳酸鈣要高出許多倍。（如表十一）

這些都表示出，AA 鈣可以提高血清鈣的值，也能有效對抗維他命 D 的不足，以及甲狀旁腺荷爾蒙分泌過盛。

近日臨床醫學證明：為了改善老年人普遍性缺鈣導致體內鈣分布異常的狀況而使用的活性型維他命 D、降鈣素，以及 AA 鈣，各服用六個月來做比較，第一發現其橈骨骨鹽量，在服用 AA 鈣時增加最多，效果最為顯著（如表十二）第二點，腎功能不足的患者，（在腎臟無法合成活性型維他命 D，自腸吸收鈣的能力降低，使體內的鈣不足，為了補其不足，甲狀旁腺不斷分泌，企圖自骨析出大量的鈣；腎功能不全同時也會造成高磷血症，所以需要降低血清磷）給予 AA 鈣及碳酸鈣，分別觀察其甲狀旁腺荷爾蒙、血清磷、血清鈣的量有何改變。結果當然不出大家所料，明顯地 AA 鈣的效果極好。（表十二）

由以上種種實驗結果得知，AA 鈣經過特殊製法，不同於以往只是將牡蠣磨成粉，其離子化的速度很快，有利腸壁的吸收，而且是一種活性吸收型的鈣。

同時，AA 鈣在發生甲狀旁腺障礙、老化、腎功能不全、無法經常接受日光照射，或是其他種種不利於鈣的吸收之時，AA 鈣即是最好的改善法。所以有以上煩惱的人，可以說得到救星了。

過去的鈣有性別適用之區分，但是 AA 鈣不論男女老幼都可服用。AA 鈣這種劃時代的特性，由它的結晶構造即可見一斑，它保持了牡蠣殼原本的構造，而且以必要的形式存在（圖三十六）它以牡蠣殼做為原料，是一種完全天然的製品。

正因如此，AA 鈣中含有人體不可或缺的天然營養素（鎂、鐵、鋅等等），至於妨礙鈣吸收的磷，則完全不存在。

綜合以上各點，AA 鈣可說是這一代人類的救星，能完全消除現代人對鈣不足的恐慌，也是能使人類將個種能力發揮極致的劃時代產品。

表八 導電量的測定值

測定值 商品名	調整水 PH 4.8	調整水 PH 9.1
天然活性型	10,000 μ S/cm	10,000 μ S/cm
W 鈣	600"	590"
K 鈣	780"	790"
牡蠣殼粉末	81"	82"

數值愈高及收力愈好

表九 對於甲狀旁腺機能降低症患者，血清鈣的比較

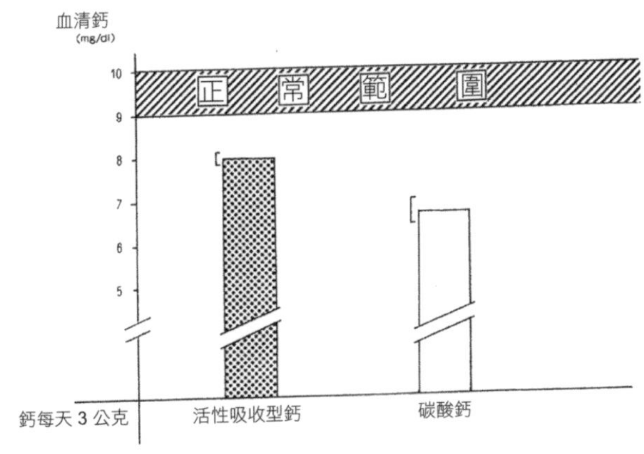

甲狀旁腺機能降低症患者，服用 AA 鈣之後，其血清鈣值會比服用碳酸鈣者較正常。

表十 **血清鈣的上升 mg/dl**

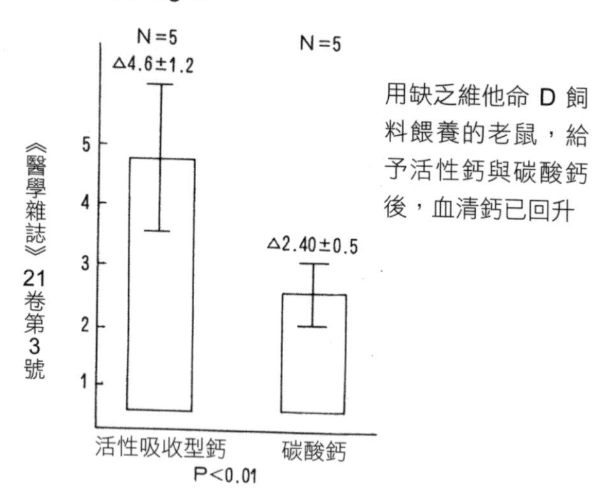

表十一 **甲狀旁腺荷爾蒙分泌抑制效果的比較**

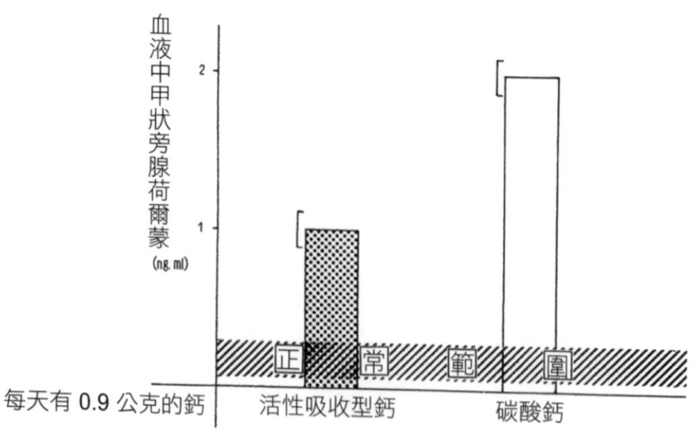

因血清鈣不足，而引起甲狀旁腺荷爾蒙分泌過盛的人（續發性甲狀旁腺機能亢進症）服用 AA 鈣的效果比服用碳酸鈣的效果更好，更能抑止甲狀旁腺荷爾蒙的分泌。

表十二 **單一吸收法（Single photon 吸收法）橈骨骨鹽量變化**

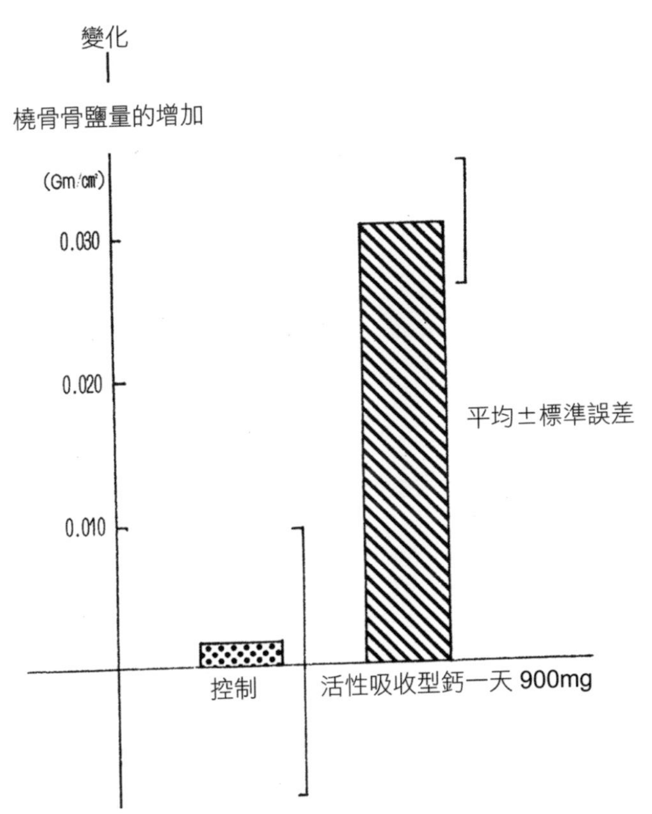

控制之後，不服用鈣劑的人毫無增加，但服用活性吸收型鈣的人卻增加了。

表十三 服用活性型維他命 D、降鈣素、AA 鈣的橈骨之骨鹽量變化

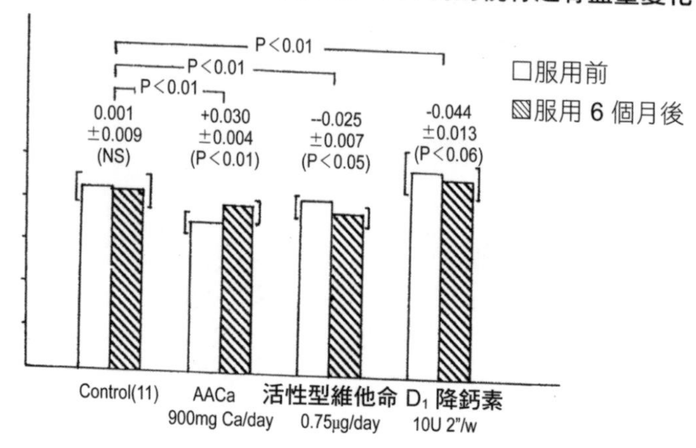

表十四 對慢性腎功能不全患者，分別服用碳酸鈣及 AA 鈣一年之後的比較

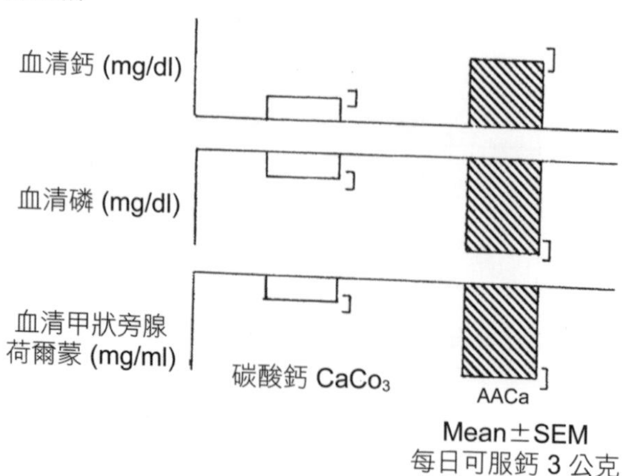

圖三十六 鈣的表面狀態

活性吸收型鈣(A.A.Ca)

牡蠣殼粉末

氧化鈣

碳酸鈣

後記

Postscript

鈣不僅僅是食物中的一種成分，它也不斷地在體內工作，是維持生命最重要的營養素。在看完本書後，相信各位已深深體會到這一點了。

不論任何人，都希望自己能夠無病無痛、壽終正寢；雖說每個人都終究要面對死亡，但是如果能活得更健康，且延長壽命，則是現代醫學努力的目標。

在過去醫學不發達的年代，能活到五十歲已經是得天之幸了，但比起現代人平均八十歲的壽命，真是小巫見大巫，或許數百年後的人類將視八十歲為「少壯之時」呢！

人的一生如果時常處於缺鈣的狀態，則生命的火焰就會漸漸消失，為了不讓生命之火熄滅，一定要充分攝取鈣。

看完此書的讀書，想必一定已充分的瞭解鈣的重要性，如此等於掌握了健康與長生不老之鑰，希望您能幫助更多人開啟這扇神奇之門。

國家圖書館出版品預行編目資料

神奇的鈣／健康研究中心 主編，-- 修訂二版 --
；－新北市：新BOOK HOUSE，2018.10
面；　公分
ISBN　978-986-96787-4-2　(平裝)
1.鈣　2.營養

399.24　　　　　　　　　　　107012472

神奇的鈣

健康研究中心 主編

〔出版者〕新 BOOK HOUSE
電話：(02) 8666-5711
傳真：(02) 8666-5833
E-mail：service@xcsbook.com.tw

〔總經銷〕聯合發行股份有限公司
新北市新店區寶橋路235巷6弄6號2樓
電話：(02) 2917-8022
傳真：(02) 2915-6275

印前作業　東豪印刷事業有限公司

修訂二版　2018年10月
修訂五版　2022年06月